Rudolf Taschner — VOM 1x1 ZUM GLÜCK

Rudolf Taschner

VOM 1x1 ZUM GLÜCK

Warum wir Mathematik für das Leben brauchen

INHALT

VORWORT

Dieses Buch ist ein Essay. In zehn Kapiteln unterschiedlicher Länge wird darüber nachgedacht, was das überraschend klingende Wort bedeuten könnte: Die Mathematik ebnet den Weg zum Glück.

In den mit ungeraden Zahlen nummerierten Kapiteln und dem zehnten Kapitel blicke ich in erster Linie auf den Unterricht der Mathematik in unseren Schulen und schlage Maßnahmen vor, wie er sowohl zum Wohle der Kinder als auch der Gesellschaft zu gestalten wäre. Manche dieser Anregungen sind ausdrücklich wie Thesen verfasst, eine Fülle weiterer Anregungen findet sich zusätzlich zwischen den Zeilen. Dies entspricht der literarischen Gattung des Essays, das keine wissenschaftliche Abhandlung und keine Streitschrift sein möchte.

In den mit geraden Zahlen nummerierten Kapiteln (mit Ausnahme des zehnten Kapitels) schreibe ich vorrangig über die Mathematik selbst: Nicht über die an Universitäten gelehrte Disziplin, sondern über eine kulturelle Errungenschaft ersten Ranges, die man kennen soll, will man sich in der von Algorithmen und Technik durchdrungenen modernen Welt bewähren. Dieser Zugang zur Mathematik fand seit nunmehr 14 Jahren in dem von meiner Frau Bianca organisierten, im Wiener Museumsquartier beheimateten und von österreichischen Ministerien unterstützten *math.space* bei einem breiten Publikum begeisterten Zuspruch: Interessierte jeglichen Alters, vor allem aber junge Menschen wollen etwas von Mathematik erzählt bekommen. Auch im

Internet kann man eine kleine Auswahl von *math.space*-Vorträgen als Videos verfolgen. All dies ist ein Beleg dafür, dass dieser Blick auf die Mathematik in den Schulen noch zu schärfen wäre.

Zumal er zu einem tiefen Verstehen von Mathematik führt, das glücklich macht.

Meine Frau Bianca und unsere Kinder Laura und Alexander unterstützten mich beim Schreiben und beim Korrigieren des Textes. Natürlich macht mich die Mathematik glücklich, aber das Glück der Geborgenheit, das Glück, in einer harmonischen Familie leben zu dürfen, ist ungleich wertvoller. Nikolaus Brandstätter und das hervorragende Team seines Verlages haben meinen Essay in gewohnt professioneller Weise zu einem schönen Buch verwandelt. Ihnen allen danke ich von ganzem Herzen.

Wien, im Sommer 2017
Rudolf Taschner

I

DIE LETZTE STUNDE

Wer in der Schule unterrichtet, weiß es: Es gibt zwei unvergessliche und prägende Augenblicke während der langen Zeit, die man mit den Kindern einer Klasse verbringt. Sie allein sind Lohn genug dafür, dass man sein berufliches Leben dem Lehren und Erziehen widmet. Einer dieser beiden unauslöschlichen Augenblicke ereignet sich bei den abschließenden Minuten der letzten Stunde.

Ich durfte es selbst wenige Male erleben. Als ich während meiner hauptberuflichen Tätigkeit als Mathematikprofessor, an einer Universität künftige Lehrerinnen und Lehrer fachlich auszubilden hatte, unterrichtete ich parallel dazu als Lehrer an einem Gymnasium jeweils eine Klasse in Mathematik. Dies erlaubte mir, die wissenschaftliche Lehre mit eigener praktischer Erfahrung des Schulalltags zu bereichern, was nicht nur für meine Studentinnen und Studenten, sondern auch für mich aufschlussreich war.

Die letzte Stunde jedenfalls in der achten Klasse, die ich ganz im Unterschied zu meinem sonst spontanen, nicht sonderlich organisierten Unterricht peinlich genau inszenierte, war mir immer besonders wichtig. Schon zu Beginn der Stunde bat ich ein wenig theatralisch darum, dass man mich aufmerksam machen soll, wenn in drei Minuten die Glocke zum Stundenende läuten werde. Ich hätte dann der Klasse etwas Wichtiges mitzuteilen. „Da wird er uns wohl verraten, welche Beispiele er zur Matura gibt", wurde von Bank zu Bank geflüstert – es war damals noch die Zeit, als die schriftlichen Aufgaben zur Matura nicht zentral erstellt wurden; ich komme in dem Buch darauf an anderer Stelle zurück. Jedenfalls erzielte ich durch meine Ankündigung am Stundenbeginn eine leicht nervöse Aufmerksamkeit, während ich bei einigen Aufgabentypen, die vielleicht bei der schriftlichen Prüfung auftauchen werden, letzte hilfreiche Hinweise gab und ein paar Musterbeispiele ein letztes Mal vorrechnete. Die leise spürbare Anspannung der Kinder – ich nenne sie auch dann so, wenn sie bereits 18 Jahre alt sind, weil ich sie einst als echte Kinder kennengelernt hatte und sie dies, jedenfalls bis zu ihrer Matura, immer für mich blieben – nahm gegen Stundenende zu, und endlich war es soweit:

„In drei Minuten wird es läuten", wurde von mehreren Seiten zum Katheder gerufen, „Sie wollten uns doch noch etwas sagen!"

„Gut, dass ihr mich erinnert", spielte ich den Überraschten, „ich habe euch tatsächlich etwas mitzuteilen: Es sind jetzt die letzten Augenblicke, wo wir in der Klassengemeinschaft so zusammen sind, wie wir das jahrelang zuvor immer waren. Danach gibt es nur mehr die schriftlichen Prüfungen bei der Matura, die ziemlich amtlich ablaufen, und die mündlichen Prüfungen, bei denen ihr einzeln, jede und jeder für sich, gefordert sein werdet. Jetzt, in diesen Minuten, sehen wir einander so zum letzten Mal. Und da ist es mir wichtig, dass ich euch Folgendes sage:

Ihr seid unsere Hoffnung.

Und mit *uns* meine ich das Lehrerkollegium, mich eingeschlossen, aber auch eure Eltern, eure Mütter und Väter, ja eigentlich alle in euren Augen ältere Menschen in unserem Staat und unserer Gesellschaft.

Ihr seid unsere Zukunft. Wir haben niemand anderen als euch, von denen wir erwarten können, dass sie unser Land weiter gestalten werden.

Wir haben als Lehrerinnen und Lehrer alles, was wir wissen und können, in euch investiert. Und selbst wenn es in manchen Momenten pädagogischer Verzweiflung, für die ich mich jetzt in aller Form entschuldige, vielleicht nicht so von euch empfunden wurde: Wir setzen alle Jetons unseres Lebensspiels auf euch. Weil wir erwarten, dass ihr Karrieren so vernünftig ergreift und euer Leben so sinnvoll gestaltet, dass es nicht nur euch, sondern auch der ganzen Gemeinschaft Nutzen bringt. Weil wir davon ausgehen, dass ihr im Staffellauf des Lebens den Stab von uns übernehmt. Und weil wir uns wünschen, dass ihr mit dem, was wir euch vermittelten, glücklich werdet.

Ich hoffe, ich habe euch so viel gegeben, dass ich euch füglich alles Glück dieser Welt wünschen kann. Das ist es, was ich euch noch sagen wollte."

Noch waren die drei Minuten nicht vorüber, ich genoss für ein paar Sekunden die vollkommene Stille, die den Raum erfüllte, und verließ – zugegeben nicht ganz gesetzeskonform ein wenig vorzeitig – die von mir überraschte Klasse. Mit solchen Worten hatte niemand aus der Schar der Kinder gerechnet. Dennoch habe ich jede einzelne Silbe ernst gemeint.

Mit Mathematik Menschen Wege zum Glück öffnen zu können: Tatsächlich bin ich davon überzeugt, dass dies möglich ist.

Und dass sich die Schule darum bemühen muss.

II

MATHEMATIK FÜRS LEBEN
– ERSTER TEIL

Zahlen verkünden Macht und Besitz

Das Rechnen wurde erfunden, weil man reich werden oder wenigstens reich bleiben wollte. Darum ist es attraktiv. Sicher: Geld allein macht nicht glücklich, aber – wie Marcel Reich-Ranicki einmal gesagt haben soll – „es ist besser, in einem Taxi zu weinen als in der Straßenbahn".

Leider wird das viel zu wenig betont. Obwohl man über das Interesse der Reichen und Mächtigen an Zahlen phantasievolle Geschichten – sind sie nicht wahr, so sind sie doch gut erfunden – erzählen kann, die man bis in die frühesten Epochen der Menschheit verlegt. Es sind Geschichten, die zeigen, wie wichtig es ist, dass man das Addieren und Subtrahieren, das Multiplizieren, das Dividieren beherrscht. Nur damit bewahrt man bei seinem Eigentum den Überblick, kann es vielleicht sogar vermehren.

Schon in der jüngeren Steinzeit, als Menschen sesshaft wurden, beginnt das Rechnen. Der Häuptling eines Stammes will wissen, ob er mehr keulenschlagende Gefährten hat als der Nachbarstamm. Denn wenn dies der Fall ist, kann er den Kampf um einen vielversprechenden Landstrich wagen. Der Häuptling selbst, er ist ja Politiker, ist des Zählens nicht kundig. Aber er beschäftigt einen

Abb. 1: Links die Krieger des eigenen Stammes, rechts die keulenschlagenden Kämpfer des gegnerischen Stammes. Deren Anzahlen befinden sich auf den beiden Kerbhölzern, und aus ihnen ersieht man, ob ein Kampf ratsam ist oder nicht.

Medizinmann aus der Gilde der damaligen Gelehrten, einen echten Spindoktor, der ihm diese Arbeit abnimmt. Auf zwei Hölzern schnitzt der Medizinmann Kerben: Bei dem einen genauso viele, wie der eigene Stamm an streitbaren Kriegern sein Eigen nennt. Bei dem anderen genauso viele, wie man beim fremden Stamm an Kämpfern vermutet. Dann werden die beiden Kerbhölzer nebeneinander gelegt und verglichen. Der Unterschied zwischen den Anzahlen der Kerben auf dem Holz des eigenen und dem des fremden Stammes entscheidet, ob man das Wagnis einer Schlacht eingehen soll oder nicht. Tatsächlich dürfte das damit verbundene Subtrahieren, die Bildung der Differenz, die erste aller Rechenoperationen überhaupt gewesen sein. Denn wir wollen immer vergleichen. Waren es einst die Kerben auf Hölzern, sind es heute Stimmen bei Wahlen oder Salden von Haben und Soll. [Siehe Abb. 1]

Im Übrigen waren Kerbhölzer Jahrtausende danach immer noch in Gebrauch. Der Gläubiger, der das Holz, auch Stock genannt, hielt und deshalb englisch der Stockholder heißt, hat mit den Kerben eingetragen, wie viele Taler er dem Schuldner geliehen hat. Darum hat der Schuldner buchstäblich „etwas auf dem Kerbholz". Selbst das Wort „Zahl" hat mit dem Kerbholz zu tun: Es entwickelte sich aus dem indogermanischen Wort „del", das die Einkerbung bedeutet. Unser Wort „Delle" ist mit ihm verwandt. Ein kritischer Blick auf die Autokarosserie lehrt, wie eindrücklich Zahlen sein können.

Ein echter Gläubiger, ein wahrer Kapitalist der antiken Epoche, hatte nicht bloß einen, sondern mehrere Schuldner. Mehrere Kerbhölzer hielt er in der Hand. Bei der Frage, wie viele Sesterzen er insgesamt verliehen hat, ist der Gläubiger gezwungen zu addieren. Natürlich macht er es gerne, denn im Unterschied zu seinen Schuldnern liebt er die großen Zahlen. Die römischen Zahlzeichen lassen noch erahnen, wie früher die Zahlen geschrieben wurden. Bei den ersten vier Zahlen – I für eins, II für zwei, III für drei, IIII für vier (wir vergessen hier die Schreibweise IV für vier; sie ist jüngeren Datums und im vorliegenden Zusammenhang nur verwirrend) – wird man direkt an die Kerben erinnert. Oder an die Finger einer Hand, wenn man den Daumen verdeckt (so zählt man noch heute bevorzugt im englischsprachigen Bereich). Würde man für fünf das Zeichen IIIII verwenden, hätte man schon Probleme, es auf einem Blick von dem Zeichen IIII für vier zu unterscheiden. Schreibt man stattdessen das Symbol V, das an eine Hand mit weggestrecktem Daumen und den aneinanderhaftenden restlichen Fingern erinnert, hat man die Zahl fünf augenblicklich erfasst. Und es ist klar, dass das

Zählen mit VI für sechs, VII für sieben, VIII für acht und VIIII für neun weitergeht. Bei der Zahl zehn denkt man an zwei Hände: ein V wird angeschrieben, das zweite V horizontal gespiegelt darunter, und schon bekommt man das römische Zeichen X für zehn.

Zahlen, die kleiner als 50 sind – und dies sind in den Anfangszeiten des Rechnens gar nicht so kleine Zahlen –, kann man damit erfassen. Aber mühsam ist es doch. Angenommen, der Gläubiger hat dem ersten Schuldner VII Sesterzen, dem zweiten Schuldner XVIII und dem dritten Schuldner XIIII Sesterzen geliehen. Auf XXXVIIII, also auf 39 Sesterzen als gesamten Schuldenstand zu schließen, ist schon eine aufwendige Rechnung. Aber sie will gemacht werden. Denn der Gläubiger möchte über sein verborgtes Kapital Bescheid wissen. Und bereits in römischer Zeit hat man für solche Additionen eigene Rechengeräte erfunden. Man wusste schon damals: Rechnen ist ein ödes Geschäft. Zuerst verschob man Perlen oder kleine Steine, Calculi genannt – das Wort Kalkül für Rechnung kommt daher. Dann konstruierte man ein Gestell, bei dem die Perlen an Stäben entlanggeführt werden: den Abakus. Bis heute wird er in Russland und Asien gelegentlich noch als preiswertes Rechengerät verwendet.

Zahlen geben Sicherheit

Doch gehen wir in noch frühere Zeitalter zurück, drei Jahrtausende vor Christus: Haran, ein reicher Bauer aus Mesopotamien, dem Zweistromland, möchte einige seiner Rinder und Schafe dem Händler Nahor in Ur, der Stadt, aus der Abraham stammte, verkaufen und dafür Saatgut, Textilien und Baumaterial erwerben. Um auf Nummer sicher zu gehen, dass der Knecht, den Haran mit den Tieren zu Nahor schickt, diese vollzählig beim Händler abliefert, nimmt der Bauer einen irdenen Topf und wirft für jedes Rind, das er dem Knecht anvertraut, eine Kugel in den Topf. Und für jedes Schaf, das er verkaufen will, wirft er eine Scheibe in den Topf. Zwar kann Haran noch nicht mit Zahlwörtern zählen, aber die Kugeln und Scheiben leisten das Gleiche. Sodann verschließt Haran den Topf mit einem Deckel und verschmiert den Rand von Topf und Deckel mit Lehm. Das verschlossene Gefäß wird im Feuer gebrannt, sodass der Deckel fest am Topf geheftet bleibt. Mit diesem Gefäß und den Tieren schickt Haran den Knecht auf die mehrere Tage dauernde Reise zu dem Händler in Ur.

Dort endlich angekommen, nimmt Nahor dem Knecht den Topf aus der Hand. Der Händler weiß aus Erfahrung mit den Bauern, mit denen er Geschäfte macht, was es mit diesem Behältnis auf sich hat: Nahor lässt den Topf auf den Steinboden fallen, dieser zerbricht in Dutzende Scherben und die Kugeln und Scheiben kommen wieder zum Vorschein. Jetzt wird gezählt. Kuh – Kugel, Kuh – Kugel: So viele Kugeln, so viele Kühe müssen abgeliefert werden. Schaf – Scheibe, Schaf – Scheibe: Bei den Schafen ist es das Gleiche. Und wehe, wenn eines der Tiere fehlen sollte: Der Knecht müsste es mit seinem Leben büßen. Natürlich: Wenn die Reise zum Händler mehrere Tage in Anspruch nahm und eines der Tiere trächtig war, konnten sogar noch mehr Tiere abgeliefert werden, als es Kugeln und Scheiben im Topf gab. Dies ist der entscheidende Unterschied zwischen der Biologie und der Mathematik: In der Biologie ändert sich alles mit der Zeit. Die Zahlen hingegen bleiben über alle Zeiten hinweg immer die gleichen. Sie sind für immer konstant. Nicht die Biologie, die Mathematik ist die nachhaltigste aller Wissenschaften.

Einzig unser Zugang zu den mathematischen Objekten wandelt sich. Er wird von Generation zu Generation einfallsreicher. So kennt Nahor bereits andere Bauern, die es geschickter machen als der alte Haran. Die jungen Bauern nehmen eine Lehmtafel und ritzen in ihr Zeichen ein: Runde Kreise stehen für die Kugeln, die Haran in den Topf warf, senkrechte Striche stehen für die Scheiben. Wenn danach die Lehm- zu einer Tontafel gebrannt wird, sind die so eingetragenen Zahlen genauso unverwüstlich wie die Kugeln und Scheiben in Harans verschlossenem Topf. Und zusätzlich bieten sie den Vorteil, dass der Knecht auf der langen Reise zum Händler stets überprüfen kann, ob die Tiere in seiner Herde vollzählig vorhanden sind. Noch heute finden wir solche Tontafeln in dem von Euphrat und Tigris durchzogenen Wüstenland mit eingravierten Zeichen. Zwar nicht Kreise und Striche, wie es in der vereinfachten Geschichte beschrieben ist, sondern mit Keilschriftzeichen. Doch diese leisten das Gleiche: Es war das Bestreben der Menschen, über ihren Besitz gleichsam Buch zu führen, das sie zur Erfindung von Zahlen, aber auch zur Erfindung der Schrift veranlasste.

Vom Ursprung des Multiplizierens

„Der Erste, der ein Stück Land eingezäunt hatte und auf den Gedanken kam zu sagen: ‚Dies ist mein‘, und der Leute fand, die einfältig genug waren, ihm zu glauben, war der wahre Begründer der zivilen Gesellschaft. Wie viele Verbrechen, Kriege, Morde, wie viele Leiden und Schrecken hätte nicht derjenige dem Menschengeschlecht erspart, der die Pfähle herausgerissen oder den Graben zugeschüttet und seinen Mitmenschen zugerufen hätte: ‚Hütet euch davor, auf diesen Betrüger zu hören! Ihr seid verloren, wenn ihr vergesst, dass die Früchte allen gehören und dass die Erde niemandem gehört!‘"

1754 erschien die *Abhandlung über den Ursprung und die Grundlagen der Ungleichheit unter den Menschen* von Jean-Jacques Rousseau. Obiges Zitat bildet den Ausgangspunkt seiner Idee vom Naturzustand des Menschen. In diesem paradiesischen Zustand, so Rousseau, war der Mensch gleichgültig gegenüber Eigentum. Wäre er es nur geblieben, klagt der einfältige Rousseau. Dann gäbe es keinen Kampf um mehr Besitz. Es gäbe nämlich überhaupt keinen Besitz – und auch keine Zahlen. Denn niemand würde sich genötigt fühlen, irgendetwas zu zählen.

Tatsächlich gibt es in schwer zugänglichen Winkeln der Welt immer noch Naturvölker, die von Eigentum und Besitz und daher auch von Zahlen nichts wissen. Sie kennen neben Einzelnem nur noch Paare und höchstens Dreiergruppen. Bei mehr als drei Bäumen sehen Bakairis oder Bororos, Ureinwohner Brasiliens, einfach nur „viele" Bäume und greifen sich, um dies zum Ausdruck zu bringen, in die Haare. Ganz fremd ist auch uns dies nicht: Als Spaziergänger sehen wir die Bäume im Wald, kommen aber nie auf die Idee, sie zu zählen. Sie gehören uns auch nicht. Es reicht uns, dass es viele sind. Allein der Landwirt, der einen Forst sein Eigen nennt, will über die Zahl seiner Bäume Bescheid wissen.

Ein Stück Land, am besten ein Rechteck, einzuzäunen und als seinen Besitz zu erklären, damit beginnt, behauptet Rousseau, die Geschichte als ein stetes Hin und Her

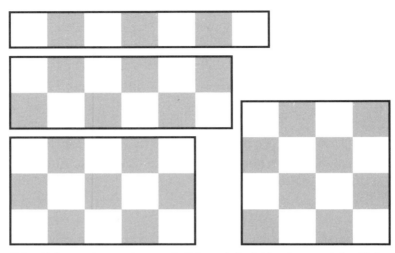

Abb. 2: Links von oben nach unten die Skizzen dreier Felder: das erste sieben Klafter lang und einen Klafter breit, das zweite sechs Klafter lang und zwei Klafter breit, das dritte fünf Klafter lang und drei Klafter breit. Rechts unten die Skizze des quadratischen Feldes mit vier Klafter Seitenlänge. Alle vier Felder haben den gleichen Umfang, aber verschiedene Flächeninhalte.

von Reichtum und Armut, von Gewinnern und Verlierern. Dabei ist der Zaun um das Rechteck gar nicht das Wesentliche. Das stellen vier Bauern fest, die Zäune um ihre kleinen rechteckigen Felder anlegen: Der erste Bauer hat ein Feld, das sieben Klafter lang, aber nur einen Klafter breit ist. Der zweite ein Feld, das sechs Klafter lang und zwei Klafter breit ist. Der dritte ein Feld, das fünf Klafter lang und drei Klafter breit ist. Und der vierte hat ein quadratisches Feld, das vier Klafter lang und vier Klafter breit ist. Alle vier Felder haben den gleichen Umfang. Alle vier Bauern brauchen Bretter für jeweils einen 16 Klafter umfassenden Zaun. In diesem Sinn sind alle vier Felder gleich groß. [Siehe Abb. 2]

Aber wenn es zur Ernte kommt, ärgert sich der erste Bauer, weil seine Nachbarbauern weitaus mehr ernten als er, der dritte und der vierte gar mehr als doppelt so viel. Denn auf den Umfang der Rechtecke kommt es bei der Ernte nicht an, sondern auf den Flächeninhalt, den die Rechtecke einnehmen. Da ist der erste Bauer arm dran, weil sein Feld nur sieben mal eins, also nur sieben Quadratklafter Fläche besitzt. (Ein Quadratklafter ist, wie das Wort sagt, der Flächeninhalt eines Quadrats mit einem Klafter Länge und einem Klafter Breite.) Der zweite Bauer hat wenigstens ein Feld mit sechs mal zwei, also mit zwölf Quadratklaftern Flächeninhalt. Und die Flächeninhalte der Felder des dritten und des vierten Bauern betragen fünf mal drei, also 15, und vier mal vier, also gar 16 Quadratklafter. Darum war seit jeher das Multiplizieren so wichtig: Die Flächeninhalte von Rechtecken kann man damit ausrechnen, wenn man deren Längen und Breiten kennt.

Natürlich wussten die Landwirte schon seit grauer Vorzeit, dass der Umfang ihrer Felder kaum eine Rolle spielt, sondern nur deren Flächeninhalt. Zwar kommt in manchen Volksschulbüchern noch immer die Aufgabe vor: „Ein Bauer umzäunt sein Feld. Es ist 30 Meter lang und zehn Meter breit. Wie lang ist der Zaun?" Aber eine Fahrt übers Land belehrt, dass dieses Beispiel kaum Realitätsbezug hat. Felder sind nicht umzäunt. Wozu auch? Wenn ein Bauer argwöhnt, dass ihm der Nachbar ein Stück von einem seiner Felder wegnimmt, also etwas von seiner Fläche – und natürlich nicht von seinem Umfang – stiehlt, ruft er sofort den „Geometer". Damit ist ein Vermessungsingenieur gemeint, der mit seinen mathematischen Kenntnissen feststellt, ob der Argwohn des Bauern berechtigt ist oder nicht. Landwirte verlassen sich auf die Mathematik. Sie tun gut daran.

Von der Kunst des Multiplizierens

Im Mittelalter mussten die Agronomen noch viel mehr auf die Kunst der Mathematiker vertrauen: Ein Bauer aus Trattenbach zeigt seiner Tochter in der Scheune, wie viele Säcke Weizen er dort gelagert hat. Viele sind es, behauptet er stolz. Die meisten gehören seinem Lehensherrn, dem Herren von Kranichberg, aber über ein paar von ihnen darf er selbst verfügen. Er habe sie gezählt. Es sind XVII Säcke. (Wir müssen uns in die Zeit um 1450 zurückversetzen, als man nördlich der Alpen nur römische Zahlzeichen kannte.) Und wie schwer ist so ein Sack, will die Tochter wissen. Er habe die Säcke auf die Waage gestellt, sagt ihr der Vater. Jeder wiegt ungefähr das Gleiche, immer XXIII Pfund. Wie viel Pfund Weizen ist das insgesamt, fragt jetzt das Kind. Da kommt der Bauer ins Schwitzen. XVII müsste er jetzt mit XXIII multiplizieren. Das kann er nicht.

Nur wenn er sehr gewitzt ist, kommt er auf die folgende Idee: Schöner wär es, wenn er seinen Weizen statt in XVII Säcke in XX Säcke gespeichert hätte. Dann hätte er mehr Säcke Weizen. Aber jeder der Säcke wäre dann leider ein klein wenig leichter, als sie jetzt sind. Vielleicht nur XX Pfund statt XXIII Pfund schwer. Modern gesprochen: Der Bauer hat die Zahl 17 der Säcke auf 20 aufgerundet und das Gewicht 23 Pfund eines Sackes auf 20 Pfund abgerundet. Das ist sehr sinnvoll, denn 20 mit 20, in der römischen Schreibweise: XX mit XX, kann er multiplizieren. Er weiß, das zehn, also X, mit zehn, also mit X, multipliziert 100 ergibt. Im Lateinischen heißt 100 centum. Daher kürzt der Buchstabe C in der römischen Zahlenschreibweise hundert ab. Und weil zwei mal zwei vier ergibt, muss XX mit XX multipliziert CCCC als Ergebnis liefern. Der Bauer sollte also rund 400 Pfund Weizen sein Eigen nennen.

Doch wir dürfen davon ausgehen, dass nur wirklich sehr wenige Landwirte so geschickt und einfallsreich denken konnten. Und selbst diese beschäftigt genauso wie den Bauern unserer Geschichte die Frage, wie viel Pfund Weizen er denn wirklich genau hat. Jedenfalls geht der Trattenbacher Bauer am Sonntag zum Pfarrer und bittet diesen um Rat: Er möchte wissen, was XVII mit XXIII multipliziert ergibt. Und der Pfarrer, in weltlichen Dingen fast so gut bewandert wie in geistlichen, kann zwar die Frage nicht beantworten, aber weiß, was zu tun ist: Der Bauer soll nach Wiener Neustadt fahren. In dieser großen Stadt, nur eine halbe Tagesreise von Trattenbach entfernt, gäbe es am Hauptplatz eine Schreibstube, in der ein Rechenmeister sitzt, der sicher die Antwort kennt.

Tatsächlich war im Mittelalter der Beruf des Rechenmeisters hoch angesehen. Jede größere Stadt beschäftigte mindestens einen dieser Gilde. Die besten unter ihnen kamen aus Italien und wurden Cosisten genannt. Denn ihre Kunden stellten andauernd Rechenaufgaben, die mit der Frage „Che cosa?" im Sinne von „Was kommt heraus?" endeten. Darum sprach man damals auch vom „Cos", vom Unbekannten, das es zu berechnen gilt.

Und so sehen wir den Bauern aus Trattenbach nach Wiener Neustadt fahren. Er muss ohnehin in die Stadt, um Verkäufe und Einkäufe zu erledigen, aber den Rechenmeister möchte er unbedingt aufsuchen. „Was kommt heraus, wenn man XVII mit XXIII multipliziert", fragt er ihn. Und erhält als Antwort: „Zwei Gulden." „Zwei Gulden, was bedeutet das?", fragt der Bauer zurück. „Zwei Gulden sind zu bezahlen, dass ich bei einer Aufgabe wie dieser die Antwort gebe", erklärt der Rechenmeister. Ein wenig betroffen von der großen Summe kramt der Bauer die zwei Münzen aus seinem Sack und legt sie auf den Tisch des Rechenmeisters. Jetzt müsse der Bauer weggehen, verlangt der Cosist streng. Denn zuschauen bei seiner Rechenarbeit dürfe man nicht. Sie sei nicht nur schwierig, sie sei auch geheim. Also geht der Bauer unverrichteter Dinge in das gegenüberliegende Gasthaus und wartet dort eine geschlagene Stunde, bis er vom Rechenmeister das Ergebnis abholen darf. CCCLXXXXI, so lautet es: Die drei C stehen für 300, erklärt der Rechenmeister dem verdutzten Bauern. Das L, eigentlich die eckig geschriebene untere Hälfte eines C, steht für ein halbes C, also für 50. Die nachfolgenden vier X symbolisieren 40, sodass zu den 300 noch 90 und zum Schluss noch ein I, also noch eins hinzukommen.

So übel war die Abschätzung CCCC, also 400 Pfund für das Gewicht des Weizens, der in der Scheune des Bauern lagert, gar nicht. Nur neun Pfund weniger hat die genaue Rechnung des Cosisten ergeben. Es wäre vom Bauern klüger gewesen, sich mit der Schätzung abzufinden. Denn wirklich glücklich war er mit dem nach Trattenbach zurückgebrachten Resultat nicht. Es war so eigenartig kompliziert – der Bauer hat kein Gefühl dafür, was CCCLXXXXI wirklich bedeutet. Zwar hatte er dem Rechenmeister viel Geld dafür bezahlt, aber wie es zustande kam, verstand er nicht. Es blieb ihm nur übrig, an die Richtigkeit des Ergebnisses zu glauben. Zwei Gulden ist das eigentlich nicht wert.

Mathematik als Schritt in die Freiheit

Im Jahr 1522 gab Adam Ries, ein Cosist aus Staffelstein bei Bamberg, ein Buch mit dem Titel *Rechnung auf der Linien und Federn* heraus, das der Rechenmeisterzunft den Untergang bescherte: Das Buch, geschrieben in der Sprache des Volkes, erklärte in deutschen Landen zum ersten Mal, dass man Zahlen auch anders schreiben könne als mit den römischen Zahlzeichen. In Spanien und in Italien kannte man sie schon: die von Arabern aus Indien eingeführten Ziffern, die damals ungewohnten Symbole 1, 2, 3, 4, 5, 6, 7, 8, 9 für die ersten neun Zahlen. Besonders geheimnisvoll aber war das Symbol 0 für null, das buchstäblich nichts bedeutet. Als der italienische Gelehrte Leonardo von Pisa, als Filius, also als Sohn des Bonacci einfach Fibonacci genannt, seiner Heiligkeit dem Papst dieses Symbol zu erklären versuchte, stieß er auf pures Unverständnis. Wie kann man, so fragte der Papst ganz vernünftig, „nichts" symbolisieren? Aber all der wohlbegründeten Skepsis zum Trotz: Man braucht das Symbol 0, um weitere Zahlen mit den Ziffern schreiben zu können. Denn in Zahlen wie zum Beispiel 1003 besitzen die Ziffern 1 und 3 sogenannte Stellenwerte. Die Ziffer 3 ist in ihr die Einer-, die Ziffer 1 in ihr die Tausenderziffer. Und weil bei der Zehner- und bei der Hunderterstelle nichts hinzukommt, werden in 1003 diese beiden Stellen jeweils mit der eigenartigen Ziffer 0 belegt. Das ist wichtig, um verstehen zu können, dass – glaubt man Leporello, wenn er die Registerarie singt – Don Giovanni in Spanien bereits 1003 Frauen verführte. Gäbe es die Null nicht, hätte er bloß 13 Frauen verführt. Das wäre für einen Schwerenöter einfach nur blamabel.

Die Ziffern und ihre Stellenwerte in Zahlen erklärt Adam Ries im ersten Kapitel seines Buches, das er mit „Nummerieren" überschreibt. Das nächste Kapitel heißt „Addieren". Wie es heute noch Volksschulkinder lernen, lässt Adam Ries die zu addierenden Zahlen untereinander schreiben, fein säuberlich nach Stellenwerten geordnet, und erklärt, wie man mit der Einerstelle beginnend die Ziffern der Summe mit ansteigenden Stellenwerten ermittelt. Darauf folgt das Kapitel „Subtrahieren". Auch hier schreibt man die kleinere Zahl, die man von der größeren abzieht, Stellenwert für Stellenwert darunter an. Und Adam Ries erklärt die Rechnung so, wie sie noch heute den Kindern in den Schulen beigebracht wird.

Danach kommt ein für alle, die das Buch lasen, besonders spannendes Kapitel: „Multiplizieren". Adam Ries erklärt auch diese Rechenoperation für jede und jeden verständlich. Was vorher nur die Rechenmeister mit von ihnen geheim gehaltenen Regeln kunstreich vollführten, können nun alle. So sie mit dem Einmaleins vertraut sind. Und Üben muss man natürlich, will man das Rechnen gewandt und möglichst fehlerfrei beherrschen. Aber die Leute rechneten gerne, und Adam Ries gab ihnen in seinem Buch eine hinreichende Fülle von Übungsaufgaben. Denn jetzt brauchten die Leute nicht mehr einen Cosisten zu beschäftigen, ihm ihr sauer verdientes Geld zu zahlen und von ihm Ergebnisse abzuholen, an die sie glauben mussten und die sie nicht überprüfen konnten.

Doch mit dem Multiplizieren hört das Buch nicht auf. Es folgt ein weiteres Kapitel: „Dividieren". Dies ist die letzte und zugleich schwerste der Grundrechnungsarten. Wenn man Zahlen in römischen Zahlzeichen schrieb, war das

Dividieren eine Kunst, die selbst nur wenigen Rechenmeistern wirklich gut geläufig war. Im Mittelalter wurde es an den Universitäten gelehrt, so anspruchsvoll war es. Aber mit den arabischen Zahlzeichen und der Kenntnis des Einmaleins kann es jede und jeder lernen und nach hinreichend langem Üben gut nachvollziehen. Das Dividieren selbst ist wichtig, um das letzte und krönende Kapitel verstehen zu können, das im Buch des Adam Ries den Abschluss bildet: „Regula di tre" überschrieb er es, übersetzt der „Dreisatz", was im bayerischen und österreichischen Raum die „Schlussrechnung" heißt. Darin verbergen sich die Rechnungen im Handel, die deshalb ganz besonders hoch im Kurs stehen, weil sie mit Geld zu tun haben.

„910 Kreuzer muss man zahlen, wenn man 35 Ellen Stoff kaufen möchte." Das ist des Dreisatzes erster Satz. In ihm werden die Tatsachen kundgetan. „Jemand will nicht 35, sondern 42 Ellen Stoff kaufen." Das ist des Dreisatzes zweiter Satz. In ihm wird ein Ziel vorgegeben. „Wie viele Kreuzer muss er dafür zahlen?" Diese Frage ist des Dreisatzes dritter Satz. Adam Ries erklärt gewissenhaft, dass man aus den mitgeteilten Tatsachen zuerst zu ermitteln hat, wie viel eine Elle Stoff kostet. Zu diesem Zweck ist 910 durch 35 zu dividieren, und die Rechnung führt er penibel vor. (Dass man einfacher das Doppelte von 910, also 1820, durch das Doppelte von 35, also durch 70, oder einfacher 182 durch 7 dividieren könnte, was im Kopf mit dem Ergebnis 26 gelingt, verschweigt er. Denn solche Tricks verwirren den Anfänger nur.) Und nun, so Adam Ries, muss der Preis von 26 Kreuzer für eine Elle Stoff mit 42 multipliziert werden. Auch das führt er wie ein gewissenhafter, aber geistloser Buchhalter nach den von ihm erklärten Rechenregeln vor. (Er verschweigt, dass man 42 sehr leicht mit 25 multiplizieren kann, indem man es mit 100 multipliziert und von dem Ergebnis 4200 ein Viertel, also 1050, berechnet. Gibt man noch einmal 42 dazu, bekommt man – eigentlich in einer Kopfrechnung – das genaue Produkt: 1092.) Zum Schluss muss eine Antwort geschrieben werden, fordert Adam Ries: „1092 Kreuzer muss der Käufer für 42 Ellen Stoff zahlen."

Sicher kommt man schneller zu diesem Resultat, wenn man sich überlegt, dass 42 Ellen Stoff um ein Fünftel mehr Stoff ist als 35 Ellen Stoff. Ein Fünftel, das sind 20 Prozent. Und 20 Prozent von 910 kann man leicht im Kopf ermitteln: man braucht nur 91 mit zwei zu multiplizieren. Dies ergibt 182, und um so viele Kreuzer sind die 42 Ellen Stoff teurer als die 35 Ellen. Und tatsächlich sind 910 Kreuzer um 182 Kreuzer vermehrt die 1092 Kreuzer von der Antwort des Adam Ries.

So flotte Überlegungen waren dem behäbigen und stur nach seinen Regeln vorgehenden Adam Ries fremd. Manchmal kann man Abkürzungen wie die oben genannten finden, aber nicht jederzeit. Die starre Vorgangsweise des Adam Ries jedoch greift immer. Das ist ihr Vorteil. In Italien hingegen ging man bereits beim Rechnen variantenreicher vor. Nicht umsonst ist „Prozent", einer der heikelsten Begriffe der elementaren Mathematik, eine italienische Erfindung. Er stammt vom Wort „per cento", wörtlich: „von hundert". Im eigenartigen Zeichen % kann man im oberen Kreis ein „c" mit einem verkümmerten „en", im Querstrich ein „t" und im unteren Kreis ein „o" des italienischen „cento" erahnen.

Dem Erfolg des Buches von Adam Ries tat dessen schulmeisterliches Gehabe keinen Abbruch. Noch zu Lebzeiten des Autors wurden von dem Werk mehr als 100 Auflagen gedruckt. Das Buch verkaufte sich wie die warmen Semmeln. Denn alle wollten rechnen können. Nicht weil das Rechnen so spannend wäre. Das ist es beileibe nicht. Sondern weil man damit über seinen Besitz Bescheid weiß. Weil man damit die gerechten Preise ermitteln kann. Weil man damit von niemandem mehr abhängig ist, vor allem nicht von Cosisten, die einem das Geld aus der Tasche ziehen.

Seit dem Jahr 1522 ist das Rechnen der erste Schritt in die Freiheit des selbständigen Denkens.

III

DAS KLEINE EINMALEINS
UND EIN BISSCHEN MEHR

Rechnen vor einem halben Jahrhundert

Mathematik in der Schule; das bedeutet rechnen, rechnen und nochmals rechnen. Manchmal vielleicht mit ein paar Skizzen, sogar mit Konstruktionen garniert, bei denen Zirkel und Lineal zum Einsatz kommen. Aber schließlich endet alles doch wieder im Rechnen.

Darüber können auch die vollmundig formulierten Lehrplanziele nicht hinwegtäuschen, in denen davon geschwärmt wird, dass es beim Mathematikunterricht um die Förderung des logischen Denkens, um die Förderung der Bereitschaft und Fähigkeit zum Argumentieren, Kritisieren und Urteilen, um die Förderung geistiger Initiative, Phantasie und Kreativität, um die Förderung des Anschauungsvermögens, um die Förderung des sprachlichen Ausdrucksvermögens, um die Förderung der Fähigkeit, Mathematik anwenden zu können, gar um die Förderung des wissenschaftlichen Denkens und Arbeitens ginge.

Das sind sehr viele, eigentlich viel zu viele und zu große Worte. Denn am Ende des Tages, wenn es um den konkreten Lehrstoff geht, um die Übungen, die vorgerechnet und trainiert werden, um die Aufgaben, die zu Hause nicht nur die Kinder, sondern auch deren Mütter, Väter,

Onkeln, Tanten, Großeltern und Nachhilfelehrer in Trab halten, um die Prüfungen, Tests, Schularbeiten und womit auch immer man bedrängt wird: Es endet alles doch wieder im Rechnen.

Als ob Rechnen und Mathematik ein und dasselbe wären. Das stimmt in dieser Schroffheit natürlich nicht. Doch völlig falsch ist es auch nicht. Wo, wenn nicht im Mathematikunterricht, soll man denn rechnen lernen?

Soll man überhaupt noch rechnen lernen?

Sicherlich nicht wie vor 50 Jahren. Damals wurde zum Beispiel Sechzehnjährigen beigebracht, wie man eine Division wie zum Beispiel 314,2 : 27,13 durchzuführen habe – viel einfacher, so wurde versichert, als wenn man wie einst Adam Ries dividiert, und ganz professionell. Denn es sei das modernste und effektivste Verfahren, das es gibt. Wir wollen hier, als abschreckendes Beispiel, vorführen, wie damals in allen Schulen Sechzehnjährigen das Rechnen beigebracht wurde: in Handelsschulen, in Höheren Technischen Lehranstalten, in Gymnasien, wo auch immer und unabhängig davon, was aus den jungen Leuten später werden soll:

Man ging so vor: Weil 314,2 mindestens so groß wie 100, aber kleiner als 1000 ist und 100 zwei Nullen hat, schreibt man neben die Zahl 314,2 zunächst 2, (also die Zahl zwei und ein Komma) und blickt in ein kleines Buch, in dem alle Viererkombinationen von Ziffern zwischen 0000 und 9999 aufgelistet sind. Bei der Viererkombination 3142 schaut man nach, welche Viererkombination rechts von ihr steht. Es ist dies 4972. Diese heftet man an die zuvor geschriebene Zwei und das Komma an, sodass neben der Zahl 314,2 eine andere Zahl prangt: 2,4972. Sie heißt der Logarithmus von 314,2.

Bei 27,13 macht man das Gleiche: Weil 27,13 mindestens so groß wie zehn, aber kleiner als 100 ist und zehn eine Null hat, schreibt man neben die Zahl 27,13 zunächst 1, (also die Zahl eins und ein Komma) und blickt wieder in das Logarithmenbuch, wo man rechts neben der Viererkombination 2713 die Viererkombination 4334 findet. Auch diese heftet man an die zuvor geschriebene Eins und das Komma an, sodass neben der Zahl 27,13 deren Logarithmus 1,4334 steht.

Nun gilt die Regel, dass man, statt 314,2 durch 27,13 direkt zu dividieren, den neben 27,13 geschriebenen Logarithmus 1,4334 von dem neben 314,2 geschriebenen Logarithmus 2,4972 zu subtrahieren hat. (Wollte man 314,2 mit 27,13 multiplizieren, müsste man deren Logarithmen addieren.) Weil 2,4972 minus 1,4334, also die Differenz dieser beiden Logarithmen, 1,0638 lautet, geht man weiter so vor:

Weil bei 1,0638 die Zahl eins vor dem Komma steht, weiß man, dass das Ergebnis der Division mindestens so groß wie zehn (denn zehn hat eine Null), aber kleiner als 100 ist. Es ist demnach vor dem Komma zweistellig, darum schreibt man für die Zehner- und die Einerstelle zwei Punkte und danach das Komma: . . ,

Sodann schaut man im Logarithmenbuch nach, bei welcher Viererkombination von Ziffern der Logarithmus 0638 steht. (0638 ist der hinter dem Komma befindliche Teil der oben erhaltenen Differenz 1,0638.) Es ist dies 1158. Diese Viererkombination fügt man nun in das vorbereitete Schema . . , von zwei Punkten und einem Komma ein, sodass daraus die Zahl 11,58 entsteht. Sie ist das gesuchte Ergebnis der Division 314,2 : 27,13 – so einfach geht das!

Rechnen mit der Maschine

Dutzende, wenn nicht hunderte Rechnungen dieser Art musste jedes dieser Kinder nach dem sturen Einlernen der Rechenschritte durchführen. Denn billige Rechenmaschinen, die uns diese Kalkulationen abnehmen, gab es damals noch nicht. Man übte diese öden Rechnungen in der Schule auch nicht deshalb, um die Kinder sinnlos zu traktieren. Es gehörte damals wirklich in den Ingenieurfächern zum guten Ton, das Arbeiten mit dem Logarithmenbuch vorzüglich zu beherrschen und wie im Schlaf abrufen zu können. Noch in den späten 1970er Jahren hatten die Studentinnen und Studenten des Vermessungswesens zu Beginn ihrer Ausbildung an der Technischen Universität Wien einen strengen Kurs zu absolvieren, in denen das schnelle und präzise Rechnen nicht mit vier-, sondern mit siebenstelligen Logarithmen anhand unzähliger Multiplikationen, Divisionen, Potenzen und Wurzeln eingetrichtert wurde.

Heute ist all das verschwunden. Und es ist gut so. Denn man braucht es nicht mehr.

Jedenfalls nicht mehr in der oben beschriebenen Weise. Denn welcher mathematische Gehalt sich hinter den einzelnen Rechenschritten verbirgt, blieb fast allen Kindern verborgen, die mit verständlichem Widerwillen zu ihrem Logarithmenbuch greifen mussten. Es ging einfach nur darum, nach eingeübten Schablonen vorzugehen. Ganz schlecht war, darüber nachzudenken. Denn das würde zu viel Zeit kosten, die man nicht hat, wenn man präzise und zügig vorgehen muss. Fast immer bei Rechnungen, deren Sinn sich einem nie erschloss.

Vor 50 Jahren war das Logarithmenbuch der Nachfahre des erwähnten Cosisten in Wiener Neustadt, zu dem der Bauer aus Trattenbach fuhr. Die Szenen ähneln einander. Man will etwas berechnet wissen: Der Bauer des Jahres 1450 will XVII mit XXIII multiplizieren. Anna aus der sechsten Klasse des Schuljahres 1967 hat die Aufgabe, 314,2 durch 27,13 zu dividieren. Der Bauer befragt den Rechenmeister, der von ihm Geld verlangt und ihn trotzdem in die Geheimnisse seiner Rechnungen nicht einweiht. Anna greift zum Logarithmenbuch. Und statt des Geldes investiert sie ihr fleißig antrainiertes Können, um nach dem vom Lehrer diktierten Schema vorzugehen. Aber wie der Bauer weiß auch Anna nicht, warum das Ganze wirklich funktioniert: Warum gibt es überhaupt Logarithmen? Warum sind sie gerade so groß? Der Bauer fährt mit dem Ergebnis CCCLXXXXI nach Hause. Er kennt es zwar ganz präzise, aber es befriedigt ihn kaum. Weil er sich unter diesem Buchstabenungetüm wenig vorstellen kann. Genauso unterstreicht Anna ihr Resultat 11,58 zweimal, und will nicht weiter darüber nachdenken. Denn die nächste Rechnung wartet schon auf sie.

Das Buch des Adam Ries nahm den Rechenmeistern ihre einträgliche Arbeit weg. Nun jedoch nehmen uns die Rechenmaschinen nicht allein das Rechnen mit Logarithmen ab, sondern man kann überhaupt alle Rechnungen an sie delegieren. Warum sich mit etwas beschäftigen, das ein Automat viel schneller, viel zuverlässiger, viel effektiver schafft? Warum lernen die Kinder in der Schule überhaupt noch das Einmaleins? Man darf diese Frage nicht empört beiseiteschieben. Man hat sich ihr ganz ernsthaft zu stellen.

Wir dürfen uns keine Illusionen machen: Die elektronischen Rechenmaschinen erlauben uns, die Zahlen so zu betrachten, wie es der Bauer aus Trattenbach tat. Wie er wissen auch wir, dass Zahlen wichtig sind. Dass sie darüber entscheiden, ob man vermögend oder ob man arm ist. Dass bei allen Beschlüssen, die wir oder andere fällen, Kenngrößen als Entscheidungshilfen herangezogen werden, die fast immer mit Zahlen zu tun haben. Wie der Bauer aus Trattenbach sind auch wir an Zahlen interessiert. Bei einfachen Zahlen wie zehn, hundert und tausend – Geschäftsleute auch bei zehntausend, hunderttausend und Millionen – haben wir sogar ein gar nicht so übles Gefühl für deren Größe. Auch dem Bauern aus Trattenbach sagte es etwas, wenn er erfuhr, dass er ungefähr CCCC Pfund Weizen sein Eigen nennt, wiewohl er es gerne schon in Zentner umgerechnet hätte. Aber mit Zahlen wirklich selbst zu rechnen, das ist vielen unter uns weitgehend abhandengekommen.

Der Verkäufer an der Kasse tippt die Posten der zu bezahlenden Waren ein und drückt eine Taste, um die Summe zu ermitteln. Wir geben ihm eine Bonuskarte, weil wir Stammkunden sind, und die fünf Prozent, die wir dabei gutgeschrieben bekommen, rechnet ebenfalls die Maschine aus. Wir und der Verkäufer hören nur ein Piepsen und sehen am Display, dass die Summe etwas kleiner geworden ist – das reicht uns bereits. Ein paar Geldscheine werden gegeben, deren Zahlenwert wird eingetippt – und flugs zeigt das Display, wie groß das Retourgeld ist. Und so, wie dieser Geschäftsvorgang im Kleinen vor sich geht, erfolgt er, vielleicht ein wenig umständlicher, auch im Großen. Wenn bei der Wirtschaftsprüfung oder im Finanzamt gerechnet wird. Auch wenn beim Budget einer Firma oder des Staates mit großen Zahlen hantiert wird: Es kommen praktisch ausschließlich Rechenmaschinen zum Einsatz. Was klug ist. Denn auf sie ist mehr Verlass als auf das Rechnen mit der Hand.

Wie sehr man vom Rechnen entwöhnt ist, erleben wir, wenn wir an der Kassa einen krummen Betrag von, sagen wir, 56,73 Euro zu zahlen haben. Wir legen zuerst die zwei Banknoten mit 50 und mit zehn Euro hin, der Kassier tippt schnurstracks die Zahl 60 in die Maschine, auf seinem Display tauchen 3,27 Euro als Retourgeld auf, während wir dem Kassier zurufen: „Warten Sie, ich gebe Ihnen noch einen Euro und 73 Cent." Meistens erzeugen wir damit Verstörung oder zumindest ein wenig Verunsicherung. Sehr oft hören wir als Antwort: „Lassen Sie es bitte. Ich habe das Wechselgeld schon beisammen."

Es ist vielen unbequem, sich mit Rechnungen zu belasten, seien sie noch so einfach. Auch zu gefährlich: Man könnte sich verrechnen. Die Rechenmaschine verrechnet sich nie. Eine Einstellung, die man durchaus nachvollziehen kann.

Rechnen mit dem Kopf

Dennoch soll und wird die Schule nicht auf das Unterrichten des Rechnens verzichten. Wobei betont sei: Rechnen ist nicht Mathematik. Rechnen verhält sich so zur Mathematik, wie beim Klavierspielen das Üben von Tonleitern mit dem Einstudieren einer Sonate von Mozart oder eines Präludiums und einer Fuge aus dem *Wohltemperierten Klavier* von Johann Sebastian Bach. Eine Koryphäe des Klavierspiels käme nie auf die Idee, Tonleitern zu üben. Die *Schule der Fingerfertigkeit* von Czerny vielleicht, eher noch die *Etüden* von Chopin. Genauso wie eine mathematische Kapazität es ablehnen würde, wie ein Buchhalter zu rechnen.

Aber in der Schule ist es richtig und gut, dass Rechnen im Fach Mathematik unterrichtet wird. Denn es gehört so zu ihr, wie die Tonleitern zur Musik gehören. Nur – und dies ergibt sich aus diesem Vergleich zwingend – darf im Fach Mathematik nicht ausschließlich Rechnen unterrichtet werden. Und es bleibt die Frage offen, wie viel Rechenfertigkeit von den Kindern abverlangt werden soll.

Zwei Gründe sprechen dafür, dem Rechnen in der Schule einen angemessenen Stellenwert einzuräumen.

Der erste der beiden Gründe fußt auf dem Fundament der Mathematik selbst: Das Rechnen ist für mathematische Begabungen die Einstiegsdroge dafür, sich intensiv mit dieser Disziplin zu beschäftigen. Wir wissen es von Carl Friedrich Gauß, dem bedeutendsten Mathematiker der Neuzeit. Schon als kleiner Bub rechnete Gauß leidenschaftlich gern. Er schaute, noch bevor er richtig sprechen konnte, seinem Vater, einem Kaufmannsassistenten und Schatzmeister einer kleinen Versicherungsgesellschaft, bei der Arbeit zu, als dieser mit Bleistift und Papier rechnete. Sein Sohn, auf dem Schemel stehend und auf die vom Vater gekritzelten Zahlen guckend, begann immer dann zu weinen oder mit einem kleinen Stab auf die Tischplatte zu klopfen, wenn sich der alte Gauß verrechnete.

In seinem schönen Buch von der *Vermessung der Welt* schildert Daniel Kehlmann, wie der neunjährige Gauß in der Volksschule von Braunschweig die Aufgabe des Lehrers Büttner löste. Büttner forderte die Kinder auf, die Zahlen von eins bis hundert zusammenzuzählen. Sie taten das auf ihren Schiefertafeln, den Vorgängern der heutigen Pads, bei denen man damals die Kreide so wegwischte wie wir heute die Eintragungen auf dem Display. Büttner nahm an, dass die Kinder mindestens eine halbe Stunde wenn nicht länger dafür brauchen würden, und verrechnen würden sich die meisten auch. Da war er bass erstaunt, dass, kaum war die Aufgabe ausgesprochen, der kleine Gauß mit seiner Tafel zum Katheder eilte, worauf fein säuberlich geschrieben die Zahl 5050 stand. (Der Bub hatte vielleicht schon viel früher Rechnungen dieser Art aus reinem Vergnügen ausgeführt. Bei der Addition von 1 bis 100 kommt man schnell zum Ergebnis, wenn man die Summanden 1, 2, 3, 4, …, 97, 98, 99, 100, gleichsam von beiden Seiten kommend, paarweise zusammenfasst: Man bildet die Summen 1 + 100, 2 + 99, 3 + 98, 4 + 97 und so weiter. 50 solche Paare kann man bilden. Jedes von ihnen liefert die Summe 101. Und 50 mal 101 ergibt das von Gauß behauptete Ergebnis 5050.)

Mathematische Talente, die, keine zehn Jahre alt, solche Kunstgriffe entdecken, trifft man natürlich selten. Aber es gibt viele begabte Kinder, die mit großer Freude rechnen, weil sie die eine oder andere kleine Gesetzmäßigkeit darin entdecken. Sie sind als findige Köpfe wenigstens im Kleinen Nachfahren des Carl Friedrich Gauß. Im Übrigen bewährte sich Büttner als ein bewundernswerter Lehrer. Er erkannte nämlich bald, dass er dem kleinen Buben nichts mehr in Mathematik beibringen konnte. Der neunjährige Gauß übertraf ihn an Wissen über Zahlen und an der Fertigkeit, mit ihnen zu rechnen. Darum besorgte Büttner für Gauß einen Privatlehrer und setzte alle Hebel in Bewegung, dass das Kind ins Gymnasium kommt. Büttner ist ein Vorbild für alle, die an Volksschulen unterrichten.

Es kommt nicht nur darauf an, dass alle Kinder das Ein-maleins wie im Schlaf beherrschen – wir werden in Kürze erklären, warum dies, aller Rechenmaschinen zum Trotz, so der Fall bleiben soll. Es ist auch wichtig, wenigstens ein wenig Freude und Interesse selbst für diese banalen Rechnungen bei den Kindern hervorzurufen. Vielen genügt es, wenn sie stolz darüber sind, dass sie schon sicher und souverän ihre einfachen Rechnungen vollführen. Aber es gibt immer einige, die Zusätzliches entdecken:

Bleiben wir dabei beim simplen Einmaleins: Bei genauerem Hinsehen stellt man fest, dass man bei den Vielfachen von sieben nur die Einerstelle kennen muss, um dieses Vielfache erraten zu können: Bei der Einerstelle eins ist es 21, bei der Einerstelle zwei ist es 42, bei der Einerstelle drei ist es 63, bei der Einerstelle vier ist es 14 und so weiter. Im Übrigen ist die Aufgabe, das Vielfache von sieben aus ihrer Einerstelle zu erschließen, eine gute Übung zum Memorieren dieser Zahlen. Bei den Vielfachen von neun oder von drei ist das Gleiche der Fall. Schon allein diese Entdeckung ist eine Erkenntnis, die vom öden Rechnen wegführt und trotzdem die Motivation zu rechnen stärkt. Noch weiter führt die Frage, warum dieses Erraten des Vielfachen aus der Einerstelle bei den Vielfachen von zwei, vier, fünf, sechs oder acht nicht gelingt. Schon mit dieser Frage, bereits in der Volksschule gestellt, beginnt das Rechnen in Mathematik überzugehen.

Auch mit dem Taschenrechner kann man Fragen dieser Art stellen, die dem Rechnen ein wenig Glanz verleihen. Ein Beispiel: Man tippe in den Taschenrechner eine dreistellige Zahl – ich zum Beispiel 729 – und tippe sogleich diese Zahl noch einmal, sodass eine sechsstellige Zahl entsteht. In dem von mir gewählten Beispiel ist es die Zahl 729.729. Jetzt dividiert man diese Zahl durch elf. Es wird sich zeigen, dass ein ganzzahliges Ergebnis (wie man in der Schülersprache sagt: „keine Kommazahl") aufscheint. Danach dividiert man die so erhaltene Zahl durch 13. Wieder wird sich ein ganzzahliges Ergebnis einstellen. Und jetzt dividiert man dieses Ergebnis durch sieben. Auch hier geht es ganzzahlig aus, und es erscheint, gleichwie wundersam, die am Beginn eingetippte dreistellige Zahl. In meinem Beispiel ist 729.729 durch elf dividiert 66.339; diese Zahl durch 13 dividiert ergibt 5103, und wenn man 5103 durch sieben dividiert, erhält man tatsächlich 729 zurück. Es scheint wie ein Zauber, ist aber keiner. Wer den Grund dafür erkennt, ist – ich übertreibe ein wenig – bereits auf dem besten Weg zum mathematischen Genie.

Die moderne, auf technische Errungenschaften angewiesene Gesellschaft benötigt viele aufgeweckte junge Leute, die sich für Mathematik begeistern. Das Rechnen, im rechten Maß betrieben und immer mit Fragen und Entdeckungen gewürzt, die über die sture und öde Prozedur hinausweisen, ist das Mittel der Wahl, diese Begeisterung zu festigen. Man kann gar nicht früh genug damit beginnen, die der Mathematik aufgeschlossenen jungen Talente zu fördern.

Anderen jedoch bleibt die Vorstellung, sich für Mathematik begeistern zu können, ihr ganzes Leben lang fremd. Dies ist weder ein Makel noch soll es in der Schule Nachteile mit sich bringen. Man muss ein Desinteresse oder eine Gleichgültigkeit der Mathematik gegenüber genauso nüchtern und vorurteilsfrei zur Kenntnis nehmen wie die Tatsache, dass es unsportliche oder unmusikalische Menschen gibt. Dennoch sollen auch diejenigen Schülerinnen und Schüler, die an Rechnungen nie mehr entdecken als ein notwendiges Mittel zum Zweck, das für ihr künftiges Leben und für ihre nachfolgende Karriere hinreichende Maß an Rechnen lernen.

Denn der zweite Grund, weshalb die Schule nicht auf das Unterrichten des Rechnens verzichten darf, betrifft auch sie. Er betrifft uns alle.

Rechnen und souveränes Denken

Wirklich glücklich sein kann nur, wer frei ist. Nicht umsonst ist Freiheit das erste und zugleich wichtigste Wort in der Parole „Liberté, Égalité, Fraternité", übersetzt „Freiheit, Gleichheit, Brüderlichkeit". Es war die Losung der Bürger Frankreichs und forderte sie dazu auf, ein neues Zeitalter zu begründen. In der neuen Ära sollten sich, so hoffte man, alle Menschen ungeachtet ihres Standes (im Sinne der Égalité) und in Gemeinsamkeit (im Sinne der Fraternité) nach ihrem persönlichen Gutdünken verwirklichen können. Jede und jeder soll die Liberté, die Freiheit haben, nach der eigenen Fasson glücklich zu werden. So drückte sich der Preußenkönig Friedrich II. aus, ein Vertreter der Aufklärung und vom gleichen Bestreben erfüllt wie die Verfechter der Aufklärung in Frankreich.

Zwar scheiterte die Verwirklichung der Égalité und der Fraternité im Verlauf der Französischen Revolution, die in der Terreur genannten Schreckensherrschaft und in dem von der Guillotine angerichteten Blutbad mündete. Es ist ein notorisches Versagen. Auch wenn man heute diese Begriffe moderner mit „Gerechtigkeit" und „Solidarität" übersetzen möchte: Alle Versuche, ihnen mit staatlichem Zwang zum Durchbruch zu verhelfen, versanden in Miseren, wenn nicht gar in Katastrophen. Denn wenn man Égalité und Fraternité vom Privaten, wo sie als Hochachtung, als Freundschaft, gar als Geschwisterlichkeit segensreich wirken, ins Öffentliche und ins Politische zerrt, verfallen sie zu Wieselwörtern. Heuchler führen beim Streben nach dem eigenen Vorteil oder dem Vorteil der eigenen Partei bevorzugt solche Wieselwörter als Maskerade im Mund. Der Begriff der Liberté, der Freiheit, hingegen ist ernst zu nehmen. Freiheit als Heraustreten aus Abhängigkeit und Mündigkeit steht am Anfang der Aufklärung. Im Habsburgerreich, das sich durch die kluge Politik Maria Theresias und ihres Sohnes Joseph eine Wiederholung der Französischen Revolution im eigenen Lande ersparte, wurde die Idee der Aufklärung nicht nur von den hochgebildeten Beratern des Kaiserhauses, namentlich von Maria Theresias Gemahl Franz Stephan, von van Swieten, von Born, von Sonnenfels befördert. Sie begann auch in der Bevölkerung Spuren zu hinterlassen. Denn Maria Theresia hatte am 6. Dezember 1774 die Unterrichtspflicht für alle ihre Untertanen durch Unterzeichnung der *Allgemeinen Schulordnung* eingeführt. Natürlich mit dem Ziel, dadurch dem Staat zu mehr Wohlstand zu verhelfen. Denn wenn alle lesen, schreiben und rechnen können, wird deren Arbeit wertvoller und die Verwaltung effektiver. Aber mit der Schule für alle war verbunden, dass die Abhängigkeit der vielen Unbedarften von den wenigen Wissenden wankte. Der erste Schritt zur Freiheit und zum Streben nach dem eigenen Glück.

Der Bauer aus Trattenbach des vorigen Kapitels dient uns auch hier als Paradigma. Er musste, was seine Lebensumstände anlangte, sich auf seinen Herrn von Kranichberg verlassen. Und über seinen bescheidenen Besitz wusste er noch weniger Bescheid, weil er nicht rechnen konnte. Falls er etwas ausrechnen sollte, was über einfachste Additionen und Subtraktionen hinausgeht, musste er zum Rechenmeister fahren, diesem Geld bezahlen und mit Resultaten nach Hause kommen, von denen er bloß glauben konnte, dass sie stimmen. Heute sind Computer die Rechenmeister. Wer nicht selbst rechnen kann, ist den elektronischen Maschinen auf Gedeih und Verderb ausgeliefert. In der Schule nicht mehr rechnen zu unterrichten, bedeutet, sowohl den Weg zur persönlichen Freiheit zu versperren als auch die Aufklärung aufzugeben. Dies wäre unverantwortlich.

Also gilt es, das Einmaleins und ein bisschen mehr zu lehren und zu üben. So gut, dass man es, salopp formuliert, in- und auswendig kann. Im Englischen sagt man für auswendig lernen „to learn by heart". Eine sehr schöne und stimmige Phrase. Nicht bloß das Denken, sondern der ganze Mensch, sein Körper bis zu seinem Herzen hinein, ist im Beherrschen des Einmaleins miteingeschlossen.

Wo aber ist die Grenze beim „bisschen mehr" zu ziehen?

Zwar ist niemandem vorzuhalten, dass er zum Taschenrechner greift, wenn er 17 mit 23 multiplizieren möchte. Aber das Schätzen sollte man jeder und jedem zutrauen, das sich das Ergebnis um den Wert von 20 mal 20 (man hat also 17 zu 20 auf- und 23 zu 20 abgerundet), folglich um den Wert 400 bewegen wird.

Zwar ist es verständlich, dass man mit ein paar Tipps auf die Tasten des Rechners ermittelt, was man bezahlen muss, wenn man von einem Stoff, der 91 Euro kostet, um ein Fünftel, also um 20 Prozent, mehr haben möchte. Aber man sollte sich eingestehen können, dass man dies nur aus Bequemlichkeit getan habe. Denn 20 Prozent von einer so überschaubaren Zahl wie 91 sollten sich stets im Kopf ermitteln lassen.

Zwar wird man von niemandem verlangen, nicht einmal mehr im Schulunterricht, die Zahl 314,2 durch die Zahl 27,13 zu dividieren – egal ob mit Logarithmen oder nach der Methode des Adam Ries. Aber man sollte wissen: Bei Divisionen (auch bei Subtraktionen) ist es empfehlenswert, entweder beide Male abzurunden, oder aber beide Male aufzurunden. Entscheidet man sich fürs Abrunden, liegt es nahe, statt 314,2 durch 27,13 einfacher 300 durch 25 zu dividieren, also durch 100 zu dividieren und mit 4 zu multiplizieren. So ergibt sich das geschätzte Ergebnis 12. Entscheidet man sich fürs Aufrunden, liegt es nahe, statt 314,2 durch 27,13 einfacher 330 durch 30 zu dividieren, was zum geschätzten Ergebnis 11 führt. Dass das auf vier Stellen genaue Ergebnis 11,58 ziemlich genau dazwischen liegt, ist als Bestätigung, damit gut geschätzt zu haben, eine Quelle der Freude.

Ein „bisschen mehr" muss so viel sein, dass man bei keiner Rechnung, auch wenn man diese von der Maschine ausführen lässt, zugeben muss, der Maschine ausgeliefert zu sein. Denn dann wäre man nicht mehr frei.

IIII

MATHEMATIK FÜRS LEBEN
– ZWEITER TEIL

Kraft als mathematische Größe

Alfred Payrleitner war in den 1970er Jahren, der goldenen Zeit des Fernsehens, einer der prägenden Journalisten des Österreichischen Rundfunks. Seine politischen Kommentare stachen durch Redlichkeit, exakte Recherche und geschliffene Wortwahl besonders positiv hervor. Nur einmal, bei einem kuriosen Ereignis am 23. Januar 1974, verlor er die Besonnenheit, die ihn sonst auszeichnete:

Uri Geller, damals ein berühmter junger Mann, wurde an diesem Abend eingeladen, im Fernsehen zu zeigen, wie er mit übersinnlichen Kräften, begleitet höchstens von leisem Berühren und Streicheln mit den Fingern, Löffel verbiegt und stillstehende Uhren in Gang versetzt. Vor dem Auftritt des angeblichen Wundertäters sprach Alfred Payrleitner erregt ins Mikrophon und kündigte ungewöhnlich hektisch, fast atemlos, dem Millionenpublikum vor den Bildschirmen an, dass sie nun Zeugen physikalisch unerklärbarer Phänomene werden. Für Alfred Payrleitner war es das Gleiche, ob der Wundermann unfassbare Energien oder unfassbare Kräfte sein Eigen nennt. In seiner Aufregung tauschte er die Wörter Kraft und Energie blindlings aus. Der sonst so umsichtige und disziplinierte Redakteur vergaß offenkundig völlig seine Physikstunde im Wiener Akademischen Gymnasium, als ihm dort beigebracht wurde, dass zwischen den Begriffen Kraft und Energie ein himmelhoher Unterschied besteht. Im Übrigen verlief der Abend mit Uri Geller enttäuschend: Von magischer Energie gab es keine Spur, auch nicht von okkulten Kräften.

Oft hört man den Satz, Kraft sei Masse mal Beschleunigung. Das ist zwar nicht falsch, aber eine Erklärung des Wesens von Kraft erfährt man damit nicht. Der Satz besagt nur, wie Kraft wirkt: Sie versetzt einen Körper von der Ruhe in Bewegung. Oder allgemeiner: Sie ändert dessen Geschwindigkeit. Und das umso deutlicher, je geringer die Masse des Körpers ist – jene dem Körper eigene Trägheit, die sich der Änderung einer Geschwindigkeit widersetzt. Aber was ist es, das eine Änderung der Geschwindigkeit bewirkt?

Arnold Sommerfeld betont in seinem klassischen Lehrbuch der Theoretischen Physik, dass wir letztlich nicht erklären können, was Kraft wirklich ist. Wir spüren sie bloß in unseren Muskeln. Und wir können sie messen, weil die Erde die Körper mit deren Gewicht an sich zieht. Das Gewicht ist eine Kraft, die sogenannte Schwerkraft, die proportional mit der Masse des Körpers wächst. Darum zieht die Erde alle Körper mit der gleichen Beschleunigung an sich. Galileo Galilei beschrieb die Schwerkraft, als er Kugeln vom obersten Geschoß des Schiefen Turms zu Pisa fallen ließ: Nach jeder Sekunde sind sie, egal welche Masse sie haben, um zehn Meter pro Sekunde schneller als vorher. Sie fallen mit zunehmender Geschwindigkeit.

Dass wir im Allgemeinen nicht fallen, liegt daran, dass wir festen Boden unter unseren Füßen haben. Der feste Boden setzt unserem Gewicht eine gleich große Kraft entgegen, die uns ruhig stehen lässt. Gibt jedoch der Boden nach, oder stehen wir gar auf einer Falltür, die sich plötzlich öffnet, beginnen wir zu fallen.

Als sich Felix Baumgartner von seiner fast 40 Kilometer über der Erdoberfläche schwebenden Kapsel fallen ließ, wurde er aufgrund der Schwerkraft immer schneller: Eine Sekunde nach dem Absprung war er mit zehn Meter pro Sekunde unterwegs, zwei Sekunden nach dem Absprung mit 20 Meter pro Sekunde, drei Sekunden nach dem Absprung mit 30 Meter pro Sekunde. Aber als er die Geschwindigkeit von rund 380 Meter pro Sekunde erreichte, was umgerechnet 1368 Kilometer pro Stunde entspricht, erhöhte sich seine Fallgeschwindigkeit nicht mehr, weil sich seinem Gewicht eine gleich große Reibungskraft der Luft entgegensetzte. Wenn sich die beiden Kräfte zu null addieren, bleibt die Geschwindigkeit konstant. Tatsächlich wurde sie daraufhin sogar kleiner, weil die Reibungskraft der Luft zunahm – schlagartig dann, als sich der Fallschirm öffnete.

In diesem Sinn verstehen wir das Gewicht als Kraft, die uns seit Bestehen der Erde begleitet. Daneben gibt es vielerlei andere Kräfte: jene chemischer Natur, wie zum Beispiel die Muskelkraft, die aus chemischen Reaktionen in den Muskelzellen entsteht. Oder die Dampfkraft, allgemein die von Wärmemaschinen oder Verbrennungsmotoren ausgehenden Kräfte. Oder die aus der Elektrizität und dem Magnetismus herrührenden Kräfte. Oder die Reibungskraft, von der wir im vorigen Absatz sprachen. Eine wesentliche Aufgabe der Physik konzentriert sich darauf, Kräfte verschiedenster Herkunft zu beschreiben und womöglich auf elementare Kräfte zurückzuführen. Aber dies führt uns vom eigentlichen Thema, der Mathematik, etwas zu weit weg.

Für uns ist interessant, wie der bedeutendste Mathematiker aller Zeiten, der um 220 v. Chr. in Syrakus wirkende Archimedes, mit seinem fulminanten mathematischen Talent verstand, Kräfte zu vergrößern und zu verkleinern. Damit schuf er die Grundlage der Technik, auf der unsere moderne Zivilisation beruht. Wir verstehen Archimedes am besten, wenn wir dem Begriff der Kraft den der Energie gegenüberstellen. Energie und Kraft sind beileibe nicht dasselbe, wie Alfred Payrleitner in seiner überschwänglichen Rede vor Uri Gellers Auftritt glauben ließ. Aber sie stehen zueinander in einer innigen Beziehung.

Der Hebel als mathematisches Gerät

Um sich dem Begriff der Energie nähern zu können, entwerfen wir das folgende Bild: Wir zeichnen den waagrechten Erdboden und wissen, dass senkrecht auf ihn gerichtet die Schwerkraft wirkt, die den Körpern ihr Gewicht verleiht. Wir gehen dabei von folgender Annahme aus: Egal, ob sich ein Körper an einer bestimmten Stelle oberhalb der Erdoberfläche befindet oder nicht, die Schwerkraft als solche ist überall, also auch an dieser Stelle, immer vorhanden. Wir denken uns daher an jeder Stelle des Raumes oberhalb der Erdoberfläche einen Pfeil angebracht, der senkrecht nach unten weist. Natürlich kann man diese Pfeile in der Zeichnung nicht wirklich an alle Punkte anheften. Wir wählen einfach viele Punkte eines Rasters dafür aus, die stellvertretend für alle Punkte stehen. Auf diese Weise bekommen wir das Bild von vielen senkrecht nach unten gerichteten Pfeilen, die gleichsam wie Regentropfen bei Windstille

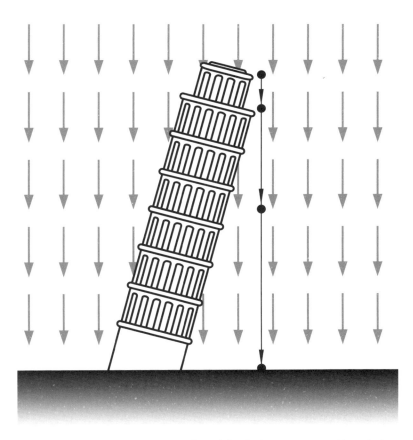

Abb. 3: Das Schwerefeld in der Nähe der Erdoberfläche. Eine vom 45 Meter hohen Turm zu Pisa herabfallende Kugel wird von ihrem Gewicht beschleunigt: In der ersten Sekunde fällt die Kugel fünf Meter und hat am Ende der ersten Sekunde zehn Meter pro Sekunde Geschwindigkeit. In der zweiten Sekunde fällt die Kugel weitere 15 Meter und hat am Ende der zweiten Sekunde 20 Meter pro Sekunde Geschwindigkeit. In der dritten Sekunde fällt die Kugel weitere 25 Meter und hat am Ende der dritten Sekunde, knapp vor dem Aufprall, 30 Meter pro Sekunde Geschwindigkeit.

herabsinken. Man sagt dazu, dass man das Kraftfeld der Schwerkraft in der Nähe der Erdoberfläche gezeichnet hat. [Siehe Abb. 3, S. 47]

Die Vorstellung eines Kraftfeldes ist typisch mathematischer Natur. Denn man sieht es nicht, man hört es nicht, man riecht es nicht, man schmeckt es nicht. Es ist den Sinnen völlig entzogen, buchstäblich abstrakt. Das lateinische „abstrahere" bedeutet „weg-ziehen", nämlich weg von dem, was augenscheinlich ist. Man spürt das Kraftfeld nur dann als Gewicht an einer Stelle oberhalb der Erdoberfläche, wenn man einen Körper an diesem Ort anbringt.

Trägt Galilei Metallkugeln vom Erdboden in das oberste Geschoß des Schiefen Turms zu Pisa, verrichtet er Arbeit. Hebt sich der Ballon, an dem die Kapsel mit Felix Baumgartner als Insassen hängt, vom Erdboden weg 40 Kilometer in die Höhe, bedeutet dies Arbeit, die es zu leisten gilt. Allgemein bedeutet es Arbeit, wenn ein Körper von einer Stelle oberhalb des Erdbodens auf eine andere, höher gelegene Stelle versetzt wird. Denn man hat den Körper gegen die Pfeile des Schwerkraftfeldes bewegt. Und diese Arbeit ist einerseits umso größer, je größer der Unterschied zwischen den Abständen des Körpers von der Erdoberfläche vor und nach der Versetzung ist: Trägt Galilei die Kugel nur bis ins Mittelgeschoß des Schiefen Turms zu Pisa, leistet er nur die halbe Arbeit jener ganzen Arbeit, die mit dem Tragen bis ins oberste Geschoß verbunden ist. Andererseits ist die Arbeit umso größer, je größer die Masse des Körpers ist, der gehoben wird. Der bekannte Physiker Werner Gruber, der zur Zeit von Felix Baumgartners Ausflug in die Stratosphäre doppelt so viel Masse auf die Waage brachte wie der Fallschirmspringer, hätte vom

Ballon doppelt so viel Arbeit abverlangt, ihn in die Höhe von 40 Kilometer zu befördern.

Das Gewicht eines Körpers multipliziert mit seiner Höhe, also seinem senkrechten Abstand von der Erdoberfläche: Dies ist die Energie, die man dem Körper im Schwerefeld der Erde zuschreibt. Hebt man den Körper, vergrößert sich dessen Energie um die Arbeit, die man beim Heben leistet. Ist der Körper von einer hohen Position in eine niedere herabgesunken, hat er zugleich an Energie verloren.

Das Wesentliche an der Energie ist: Sie gibt es nicht zum Nulltarif. Gewinnt ein Körper Energie, muss sie von irgendwoher stammen und in den Köper investiert werden. Um zum Beispiel einen Körper zu heben, muss man dies mit Muskeln leisten, also entsprechend viel chemische Energie aufbringen, oder mit einem Elektromotor die Seilwinden ziehen, also entsprechend viel elektrische Energie aufwenden, oder ihn mit Dampfkraft heben, also mit thermischer Energie – wie auch immer. Die Energiebilanz jedenfalls muss stimmen. Darum nennt man in der Physik die Energie eine Erhaltungsgröße.

Es spricht für das prägnante Denken des Archimedes, dass er sich bei all den verschiedenen Energieformen, die es gibt, allein auf jene versteifte, die er wirklich vollkommen verstand: Es ist die oben beschriebene, vom Feld der Schwerkraft herrührende Energie. Sie ist der Mathematik am leichtesten zugänglich – auch deshalb, weil sie sich so einfach beschreiben lässt: Man muss nur das Gewicht des Körpers mit der Höhe multiplizieren, die er von der Erdoberfläche senkrecht entfernt ist. Trotzdem kann man damit Apparate bauen, die nützlich sind.

Das erste Basisgerät, dem sich Archimedes widmete, war der Hebel. Es handelt sich bei ihm um eine starre Stange, deren Masse im Folgenden keine Rolle spielen soll und die an einem festen Punkt drehbar angebracht ist. Von dieser Achse des waagrecht gehaltenen Hebels aus erstreckt sich nach links, sagen wir zehn Zentimeter, der kurze Teil der Stange, der sogenannte Lastarm, an dessen linkem Ende ein Körper mit großer Masse aufgehängt wird. Von der Achse nach rechts erstreckt sich der lange Teil der Stange, der sogenannte Kraftarm – in unserem Beispiel ist er einen Meter lang. An dessen rechtem Ende wird ein Körper mit kleiner Masse aufgehängt, wobei diese so austariert ist, dass sich der Hebel im Gleichgewicht befindet, sich also nicht bewegt. Was bedeutet das?

Nehmen wir an, der Hebel gerät um einen Hauch aus der Waagrechten: Der Lastarm senkt sich um einen Millimeter nach unten. Dann hebt sich entsprechend der Kraftarm, der ja zehnmal länger als der Lastarm ist, um zehn Millimeter, also um einen Zentimeter in die Höhe. Würde der Lastarm um zwei Zentimeter in die Tiefe sinken, würde sich der Kraftarm um 20 Zentimeter heben. Durch das Senken des linken Hebelarmes verliert die an seinem Ende angebrachte Last an Energie. Die gleiche Energie muss der Körper am Ende des Kraftarms gewinnen. Er wird zehnmal so hoch gehoben, wie die Last in die Tiefe sinkt. Dementsprechend darf das Gewicht am Kraftarm nur ein Zehntes des Gewichts der Last betragen. [Siehe Abb. 4]

Genauso ist es, wenn der Kraftarm des Hebels doppelt so lang wie dessen Lastarm ist: Dann wird die am Ende des Lastarms aufgehängte Last durch ein halb so schweres Gewicht am Kraftarm austariert. Und wenn der Kraftarm des Hebels hundertmal länger als der Lastarm ist, kann man mit einer Masse von zehn Kilogramm eine Tonne balancieren

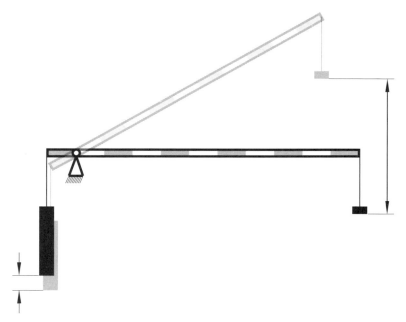

Abb. 4: Sinkt die Last auf dem zehn Zentimeter kurzen linken Arm des Hebels um eine bestimmte senkrechte Strecke, wird der einen Meter lange rechte Arm des Hebels um das Zehnfache dieser senkrechten Strecke in die Höhe gehoben.

– und mit geringfügig mehr als zehn Kilogramm Masse die Tonne sogar heben. Natürlich muss die Achse des Hebels der Belastung standhalten. Darum sagte Archimedes: „Man gebe mir einen festen Punkt, und ich kann die Erde aus ihren Angeln heben."

So gesehen verbirgt sich im Hebelgesetz des Archimedes pure Geometrie.

Die schiefe Ebene als mathematisches Gerät

Das zweite Basisgerät des Archimedes ist in seiner abstrakten Ausführung noch einfacher als der Hebel: die schiefe Ebene. Ihr entlang soll eine schwere Last, die wir auf einen reibungslos rollenden Wagen legen, in die Höhe gehoben werden. Archimedes knüpft an den masselos gedachten Wagen ein ebenso masseloses Seil, das er über eine am oberen Ende der schiefen Ebene angebrachte Rolle in die Senkrechte führt, wo am Seilende eine Hantel mit einem leichteren Gewicht als das der Last angebracht ist. Archimedes sorgt dafür, dass sich der Wagen, der die Last trägt, weder nach oben noch nach unten bewegt. Wie schwer muss die leichtere Hantel im Vergleich zur Last sein, um das Gleichgewicht herzustellen?

Wieder gibt die Geometrie darauf die Antwort: Stellen wir uns zum Beispiel vor, dass sich die schiefe Ebene mit einem Winkel von 30 Grad von der Waagrechten abhebt. Wir stellen uns weiter vor, dass sich die Hantel um 40 Zentimeter gesenkt hat. Dann ist der Wagen auf der schiefen Ebene um 40 Zentimeter gerollt und hat sich dabei gehoben. Um wie viel? Um dies zu erkennen, zeichnen wir ein Dreieck ein, dessen linker Eckpunkt sich oberhalb der Position des Wagens vor der Verschiebung befindet. Von diesem ersten Eckpunkt führt als erste Dreiecksseite eine Strecke von 40 Zentimeter Länge schräg nach oben parallel zur Richtung des Seils, die im zweiten Eckpunkt des Dreiecks endet. Darunter befindet sich der Wagen nach der Verschiebung. Als zweite Dreiecksseite zeichnen wir vom zweiten Eckpunkt aus eine Waagrechte nach links. Diese schneidet sich mit einer vom ersten Eckpunkt in die Höhe führenden Senkrechten im dritten Eckpunkt des Dreiecks. Weil die Waagrechte und die

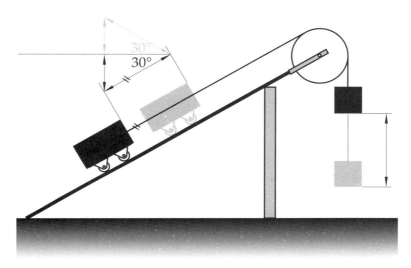

Abb. 5: Bei einer mit 30 Grad geneigten schiefen Ebene wird die Last auf dem Wagen durch eine halb so große, am Seil hängende Last im Gleichgewicht gehalten.

Senkrechte im dritten Eckpunkt einen rechten Winkel einschließen, handelt es sich bei diesem Dreieck um ein rechtwinkliges Dreieck. Die erste, schräg nach oben führende Dreiecksseite ist die längste und liegt dem rechten Winkel gegenüber. Sie heißt die Hypotenuse. Die beiden den rechten Winkel einschließenden Dreiecksseiten heißen die Katheten. In unserer Zeichnung ist die eine waagrecht und die andere senkrecht. Und genau um diese senkrechte Kathete wurde die Last bei der Bewegung gehoben. [Siehe Abb. 5]

In unserem Spezialfall, bei dem sich die schiefe Ebene mit einem Winkel von 30 Grad von der Waagrechten abhebt, ist das eingezeichnete rechtwinklige Dreieck von besonderer Art: Spiegelt man es um seine waagrechte Kathete, bilden das Dreieck und das gespiegelte Dreieck ein gleichseitiges Dreieck, dessen Seiten 40 Zentimeter lang sind. Darum ist die senkrechte Kathete des rechtwinkligen Dreiecks die Hälfte von 40 Zentimeter lang, also 20 Zentimeter. Mit anderen Worten: Hat sich die Hantel um 40 Zentimeter gesenkt, wurde die Last um 20 Zentimeter gehoben. Sie wurde nur halb so hoch gehoben, wie die Hantel in die Tiefe sank. Da die der Last durch das Heben zugeflossene Energie mit jener Energie übereinstimmen muss, die durch das Senken der Hantel verloren ging, hat beim Gleichgewicht die Last die doppelte Masse im Vergleich zur Hantel. Und setzt sich eine Fliege auf die Hantel, wodurch sich deren Gewicht um einen Hauch vergrößert, beginnt (bei wirklich fehlender Reibung) der Wagen mit der Last bereits nach oben zu rollen.

Dass dieses Ergebnis so einfach ist, verdanken wir dem Anstiegswinkel von 30 Grad der schiefen Ebene. Denn bei ihm konnten wir feststellen, dass sich die Länge der senkrechten Kathete zur Länge der Hypotenuse des rechtwinkligen Dreiecks wie eins zu zwei verhält. Bei einem beliebigen Anstiegswinkel nennt man das Verhältnis der (kurzen) senkrechten Kathete zur (langen) schrägen Hypotenuse den Sinus des Anstiegswinkels – ein höchst eigenartiges Wort, das eigentlich Busen bedeutet und von einer Fehlübersetzung aus dem Arabischen herrührt. Es ist klar, dass bei einem kleinen Winkel auch dessen Sinus sehr klein sein wird. Und mit diesem kleinen Sinus hat man das Gewicht der Last zu multiplizieren, um das Gewicht der Hantel zu errechnen, welche die Last auf dem Wagen gerade noch stillhält.

Bei der Semmeringbahn, der vom Ingenieur Carl Ritter von Ghega geplanten und 1854 gebauten ersten normalspurigen Gebirgsbahn Europas, bewegen sich die Züge auf einer schiefen Ebene mit einem Anstiegswinkel von rund eineinhalb Grad. Dessen Sinus beträgt rund 0,026, ein hinreichend kleiner Wert, der es den Lokomotiven erlaubt, die Waggons nach oben zu ziehen. Denn nur 2,6 Prozent des Waggongewichts muss geschleppt werden. Der Anstiegswinkel der steilsten Straße der Welt, der Baldwin Street in Neuseeland, liegt bei knapp über 19 Grad. Weil dessen Sinus rund 0,326 ist, hat diese Straße eine atemberaubende Steigung von rund 33 Prozent. Ein Auto muss, mit anderen Worten, mindestens die Kraft besitzen, ein Drittel seines Gewichtes senkrecht zu heben, um die Baldwin Street hinauffahren zu können.

Maschinen im ruhenden Gleichgewicht

Die wahre Kunst des Mathematikers und Ingenieurs Archimedes bestand darin, mit den beiden Basisgeräten Hebel und schiefe Ebene als Bauelementen wahre Wunderwerke der Technik zu konstruieren. Nie darf man vergessen, dass in der Bezeichnung Ingenieur das Wort Genie verborgen ist.

So erfand Archimedes den Flaschenzug, weil er erkannte, dass er den Erhaltungssatz der Energie wie bei Hebeln so auch bei Rollen in Anwendung bringen konnte: Von einem Haken an einer Decke oder einem anderen oben fest verankerten Punkt führt ein Seil über eine bewegliche Rolle, an der eine Last hängt, wieder in die Höhe. Wie die Abbildung zeigt, wird das Seil danach von einer oben aufgehängten „festen" Rolle umgelenkt und mit einer Hantel beschwert.

Wieder klärt uns die Energiebilanz darüber auf, dass die Hantel nur das halbe Gewicht der Last zu besitzen braucht,

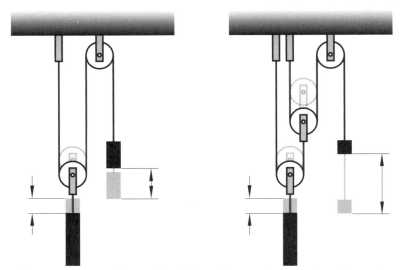

Abb. 6: Beim linken Seilzug senkt sich die rechte Hantel um die doppelte Strecke, mit der die linke Last gehoben wird. Im Gleichgewicht ist daher die rechte Hantel nur halb so schwer wie die linke Last. Der rechts abgebildete Flaschenzug nützt dies wiederholt aus: Hier ist beim Gleichgewicht die rechte Hantel nur mehr ein Viertel so schwer wie die linke Last (dabei wird angenommen, dass die Rollen und das Seil zum Gewicht nichts beitragen).

um das System in Ruhe zu halten. Denn würde man die Hantel eine Strecke von, sagen wir, 40 Zentimeter senken, würde sich dadurch die Last nur um die Hälfte dieser Streckenlänge heben, also nur um 20 Zentimeter.

Beim Flaschenzug wiederholt Archimedes dieses Spiel zwischen beweglichen und festen Rollen mehrfach und erreicht dadurch, dass er schwerste Lasten mit einer Kraft heben kann, die nur ein Bruchteil ihres Gewichtes beträgt. Und er kombinierte Flaschenzüge mit Kränen, die nichts anderes als riesige Hebel sind. [Siehe Abb. 6]

So konnte Archimedes, als seine Heimatstadt Syrakus von der römischen Marine belagert wurde, die Büge der

Schiffe so anheben, dass die an Deck befindlichen römischen Soldaten Richtung Heck ins Wasser rutschten. Und eigens von ihm gestaltete Hebel eigneten sich als Katapulte, die mit riesiger Kraft Felsbrocken weit hinein ins Meer warfen und die römischen Schiffe trafen oder in Seenot versetzten. Über mehrere Jahre hindurch widersetzte sich Syrakus mit solchen Maschinen erfolgreich den Angriffen der Römer. Erst durch Bestechung syrakusischer Wachen gelang dem römischen Feldherrn Marcellus die Eroberung. Das war Archimedes gegenüber natürlich unfair. Denn gegen Korruption hilft keine Technik.

Schon in früheren Jahren, als der junge Archimedes in Alexandria studierte, der damals bedeutendsten ägyptischen Metropole, glänzte er durch sein erfinderisches Talent. Die Idee der schiefen Ebene nutzend, konstruierte er eine Wasserschraube, mit deren Hilfe durch nicht allzu anstrengendes Drehen das Nilwasser hinauf zu den Feldern der Bauern transportiert wurde. Selbst heute ist die archimedische Schraube noch in industrieller Verwendung.

Überhaupt sollte man sich eine Schraube als eine auf einen Zylinder aufgerollte schiefe Ebene denken. Der Anstiegswinkel der schiefen Ebene wird so zum sogenannten Gangwinkel der Schraube. Sein Sinus mit der Länge einer Umdrehung um den Zylinder multipliziert gibt an, wie stark sich die Schraube in die Höhe windet. Man spricht von der Ganghöhe der Schraube. Bei Schrauben mit großer Ganghöhe muss man große Kraft anwenden, um sie in das Material zu treiben. Bei Schrauben mit geringer Ganghöhe braucht man entsprechend geringere Kraft, dafür aber mehr Umdrehungen, um die gewünschte Eindringtiefe zu erzielen. [Siehe Abb. 7, S. 58]

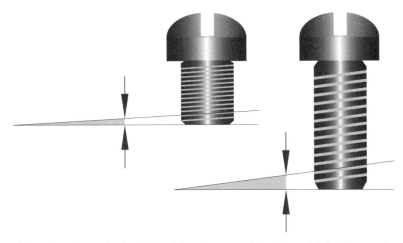

Abb. 7: Das Gewinde der linken Schraube entspricht einer schiefen Ebene, die nur in der Hälfte des Winkels der rechts skizzierten schiefen Ebene besitzt, wobei diese auf das Gewinde der rechten Schraube bezogen ist.

Bei all den raffinierten technischen Erfindungen des Archimedes bleiben wir aus heutiger Sicht trotzdem eigenartig unbefriedigt. Man hat das Gefühl, dass bei den Geräten Hebel, schiefe Ebene und allen anderen, die aus ihnen entwickelt wurden, schlampig gesprochen, „nichts weitergeht". Wir empfinden sie als befremdlich starr. Zwar werden sie, um den in ihnen verborgenen mathematischen Gehalt zu enthüllen, virtuell in Bewegung versetzt. Aber das ist nur als Gedankenspiel erlaubt. Das Gleichgewicht, das mathematisch erklärt werden kann, sorgt für steife, verknöcherte Statik: Die beiden Gewichte am Hebel, die Masse auf dem Wagen und die am Seil hängende Hantel: Sie sind so austariert, dass sich nichts bewegt.

Man spürt direkt, wie unangenehm es Archimedes wäre, setzte sich, wie zuvor angesprochen, tatsächlich eine Fliege auf die Hantel, die in der schiefen Ebene mit der auf dem Wagen liegenden Masse das Gleichgewicht hält: Plötzlich würde durch das zusätzliche Gewicht der Fliege der Wagen immer schneller nach oben zu rollen und die Hantel immer rascher nach unten zu sinken beginnen – jedenfalls so lange, bis die Fliege von der Hantel abhebt. Aber auch danach käme das System nicht mehr zum Stillstand, sondern Wagen und Hantel würden die zuletzt erlangte Geschwindigkeit beibehalten. Nur eine Bremskraft könnte diese Geschwindigkeit ändern und wieder auf null reduzieren – dies ist eine Erkenntnis, die wir Galilei, nicht Archimedes verdanken. Der ungebremste Wagen hingegen würde weiterrollen, bis er von der schiefen Ebene herabfällt und so das Gerät des Archimedes zerstört – was ihm, dem begnadeten Erfinder, sicher ein Graus wäre.

Was hier beschrieben ist, steht als Gleichnis für die Zeit, in der Archimedes lebte: Syrakus war damals eine reiche griechische Handelsstadt. Bis zur Eroberung durch Rom änderte sich daran jahrzehnte-, ja jahrhundertelang nichts. Und man wollte dieses statische System unbedingt so beibehalten. Die Idee eines gesellschaftlichen Fortschritts fand in der Antike praktisch nie Gehör. Auch hätte man Archimedes nicht damit locken können, dass er mit seinen Erfindungen, die eine technische Revolution eingeleitet hätten, zu einem steinreichen Mann würde. Wenn man seiner Lebensgeschichte, die von Plutarch überliefert wurde, trauen darf, war er bereits von Geburt an sehr wohlhabend und stammte aus der Herrscherfamilie seiner Heimatstadt. Er war daher gar nicht an einer Änderung der Verhältnisse interessiert – weder der öffentlichen noch der privaten. Plutarch berichtet, Archimedes habe all die technischen Geräte, die bei einer gezielten Entwicklung die Lebensumstände aller Menschen in ungeahnter Weise hätten verbessern können, eigentlich nur als Spielereien, als Zeitvertreib betrachtet. Archimedes hätte sich geschämt, wenn man ihn seiner technischen Erfindergabe wegen preisen würde. Nur auf seine mathematischen Leistungen war er stolz. Und am stolzesten war er auf mathematische Erkenntnisse, die besondere Geisteskraft erforderten, gleichgültig, ob sie fürs tägliche Leben verwertbar waren oder nicht.

Newton erkundet im Himmel die Bewegung

Dem Mathematiker Archimedes als Physiker ebenbürtig war, Jahrhunderte später, erst Sir Isaac Newton. In einem einzigen Jahr, dem „annus mirabilis", dem wundersamen Jahr 1666, erfand Newton die Theoretische Physik, indem er das Buch über die *Mathematischen Prinzipien der Naturphilosophie* verfasste, das er allerdings erst 20 Jahre später veröffentlichte.

Galilei, der 1642, dem Geburtsjahr Newtons, starb, hinterließ ihm einerseits experimentelle Befunde über bewegte Körper. Galilei ging von der Statik des Archimedes zur Kinematik, zur Theorie der Bewegung über. Andererseits hinterließ er Newton astronomische Befunde, die er mit seinem Fernrohr gewann. Noch wichtiger waren für Newton im Gebiet der Astronomie die drei vom herausragenden mathematischen Gelehrten Johannes Kepler überlieferten Gesetze der Bewegung von Himmelskörpern. Dass sich zum Beispiel der Mond nicht, wie man vor Kepler noch annahm, entlang eines Kreises, sondern entlang einer Ellipse um die Erde bewegt, galt als völlig unerklärlich. Die vollkommen symmetrische Kreisbewegung führten mittelalterliche Gelehrte auf den Willen des ebenso vollkommenen Weltenschöpfers zurück. Aber die Ellipse, eine nicht mehr so symmetrische, eine ovale Linie, widerspricht dem Gedanken des makellosen Weltenbaus. Und noch verstörender war, dass sich die Erde gar nicht im Mittelpunkt dieser Ellipse befindet, sondern buchstäblich exzentrisch in einem ihrer sogenannten Brennpunkte.

Bei der mathematischen Betrachtung der von Archimedes konstruierten Apparate hatten wir das Kraftfeld der Erde in unmittelbarer Nähe des Erdbodens betrachtet. Dort zeichneten wir von den Punkten oberhalb der waagrechten Erdoberfläche gleich lange senkrechte Pfeile, die wie Regentropfen bei Windstille in Richtung Erdboden weisen. Wenn wir aber, wie es der Astronom Newton tat, die Erde als Planet im riesigen Weltall betrachten, ist sie eine Kugel. Das sich im Weltraum erstreckende Feld der von ihr herrührenden Schwerkraft muss nun anders gezeichnet werden:

Es liegt nahe, dass die Pfeile des Kraftfeldes von den Punkten außerhalb der Erdkugel in Richtung Erdmittelpunkt weisen. Legt man gedanklich um die Erdkugel konzentrisch eine größere Kugel, werden von allen Punkten dieser größeren Kugel die zum Erdmittelpunkt gerichteten Pfeile des Kraftfeldes die gleiche Länge besitzen. Sie sind wie die Stacheln eines sich zu einer Kugel verkrümmenden Igels, allerdings nach innen gerichtet, zum Erdmittelpunkt hin. Newton legt nun nicht nur eine, sondern drei größere Kugeln konzentrisch um den Globus: Die Punkte der zweiten Kugel sind doppelt so weit vom Erdmittelpunkt entfernt wie die Punkte der ersten Kugel, und die Punkte der dritten Kugel sind dreimal so weit vom Erdmittelpunkt entfernt wie die Punkte der ersten Kugel. Er war sich sicher, dass die Pfeile des Kraftfeldes, die von der zweiten Kugel ausgehend zum Erdmittelpunkt weisen, kürzer sein werden als die Pfeile, die von der ersten Kugel ausgehen. Und bei der dritten Kugel erwartete er, dass bei ihr die Pfeile noch kürzer sein werden: Mit wachsendem Abstand vom Erdmittelpunkt wird, so vermutete Newton, die Schwerkraft kleiner. In welchem Ausmaß?

Newton stellt sich vor, dass die Pfeile des Kraftfeldes wie Regentropfen auf die Erde fallen. Je weiter die konzentrisch um den Erdmittelpunkt gedachte Kugel von diesem entfernt ist, umso mehr muss sich das Regenwasser auf deren Oberfläche verteilen. Die Oberfläche der zweiten Kugel, die den doppelten Radius der ersten Kugel besitzt, ist viermal so groß wie die Oberfläche der ersten Kugel. Darum, so Newton, werden die von der zweiten Kugel ausgehenden Pfeile nur mehr ein Viertel der Länge der von der ersten Kugel ausgehenden Pfeile besitzen. Und weil die Oberfläche der dritten Kugel, die den dreifachen Radius der ersten Kugel besitzt, neunmal so groß wie die Oberfläche der ersten Kugel ist, werden die von der dritten Kugel ausgehenden Pfeile nur mehr ein Neuntel der Länge der von der ersten Kugel ausgehenden Pfeile besitzen. Das ist Newtons berühmtes Gesetz, wonach – wie man sagt – die Schwerkraft mit dem Quadrat des Abstandes abnimmt. Denn das Quadrat einer Zahl ist die Zahl mit sich selbst multipliziert: Zwei mit sich selbst multipliziert ergibt vier, drei mit sich selbst multipliziert ergibt neun. [Siehe Abb. 8]

Nun setzt Newton den Mond diesem Kraftfeld der Erde aus. Er positioniert den Mond an eine Stelle, die

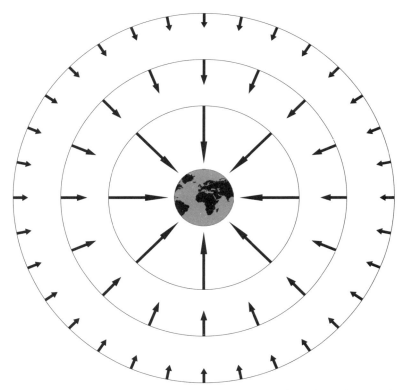

Abb. 8: Das Schwerefeld der Erde nimmt mit zunehmendem Abstand vom Erd-
mittelpunkt ab. Die Pfeile des Schwerefeldes der äußeren Kugelschale, deren
Radius doppelt so groß wie die der inneren Kugelschale ist, sind nur mehr ein
Viertel so lang wie die Pfeile des Schwerefeldes der inneren Kugelschale.

380.000 Kilometer vom Erdmittelpunkt entfernt ist. Und
er verleiht ihm dort, seitlich von der Erde wegweisend,
eine Geschwindigkeit von einem Kilometer pro Sekunde.
Wie bewegt sich dann der Mond? Um dies herausfinden zu
können, musste Newton eine eigene Mathematik erfinden.

Gäbe es die Schwerkraft der Erde nicht, also auch keine
Pfeile des Kraftfeldes, würde der Mond keine Kraft verspüren.

Er würde seine Geschwindigkeit von einem Kilometer pro Sekunde für immer beibehalten und sich geradlinig von der Erde entfernen. Da es aber das zum Erdmittelpunkt gerichtete Kraftfeld gibt, wird der Mond zugleich zur Erde gezogen. Er fällt auf die Erde. Diese beiden Bewegungen, die seitliche Flucht von der Erde und das Fallen zur Erde, bilden zwei Seiten eines Dreiecks, deren dritte Seite, die sogenannte Resultierende, die tatsächliche Bewegung des Mondes angibt. Allerdings ist in der Skizze das Dreieck zu groß gezeichnet: So, als ob der Mond zuerst unbeeinflusst von der Schwerkraft geradlinig von der Erde wegfliegt, sich dann plötzlich besinnt, dass er ein Gewicht hat, und darum Richtung Erde fällt. In Wahrheit ereignen sich das seitliche Wegfliegen und das Fallen des Mondes in einem Augenblick. Das Dreieck müsste „unendlich klein" gezeichnet werden. Eben dieses Rechnen mit „unendlich kleinen" Dreiecken erlaubte die von Newton erfundene Mathematik, die man heute Differentialrechnung nennt. Es ist hier nicht der Platz, ihre Eigentümlichkeiten zu erklären. Es mag der Hinweis genügen, dass es ein unerhörtes Aufsehen in der gebildeten Welt des 17. Jahrhunderts erzeugte, als man erfuhr: Mit der Differentialrechnung leitete Newton nicht nur her, dass sich der Mond tatsächlich im Schwerefeld der Erde entlang einer Ellipse bewegen muss, wobei sich die Erde exzentrisch in einem Brennpunkt der Ellipse befindet. Mit der Differentialrechnung konnte Newton überhaupt alle Phänomene beschreiben, die man auf das Wirken von Kräften zurückführt. Die Maschinen des Archimedes zählen als besonders einfache Beispiele dazu. [Siehe Abb. 9]

Schließlich sei noch angemerkt: In der Zeit zwischen Newtons wundersamen Jahr 1666, als er die Differentialrechnung erfand, und der Veröffentlichung seines epochalen

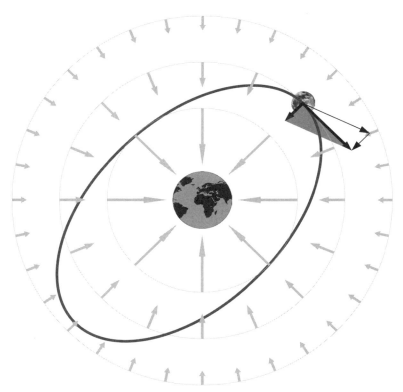

Abb. 9: Der Mond besitzt eine vom dünnen, von ihm wegweisenden Pfeil symbolisierte Geschwindigkeit, mit der er sich wie eine Billardkugel geradlinig fortbewegte, wäre er nicht dem Schwerefeld der Erde ausgeliefert. Der dicke, von ihm wegweisende und zur Erde gerichtete Pfeil steht für die Fallgeschwindigkeit des Mondes. Beide Geschwindigkeiten setzen sich so zusammen, dass sich der Mond entlang einer Ellipse um die Erde bewegt. Das hier eingezeichnete Dreieck dachte sich Newton „unendlich klein". Mit ihm und der von ihm ersonnenen Differentialrechnung beschrieb er korrekt die Mondbewegung.

Buches, worin er dies der Öffentlichkeit kundtat, hatte unabhängig von ihm der deutsche Universalgelehrte Gottfried Wilhelm Leibniz auch eben diese Differentialrechnung erfunden und sogleich, im Jahr 1675, seine Ideen bekanntgegeben. So kam er Newtons Veröffentlichung zuvor, was diesen unermesslich ärgerte, da er doch schon viel früher diese geheimnisvolle und zugleich unerhört wirksame Methode des Rechnens ersann. Aber er wagte 20 Jahre lang nicht darüber öffentlich zu sprechen, weil er sich seiner Sache nicht vollkommen sicher war.

Eine Marquise entdeckt die Energie der Bewegung

Voltaire, der größte Verehrer Newtons auf dem europäischen Kontinent, verbreitete dessen epochale Leistung in allen gebildeten Kreisen, zu denen er Zugang hatte. So erfuhr die hochbegabte und leidenschaftliche Mathematikerin Émilie du Châtelet über ihren Herzensfreund Voltaire von Newtons Buch. Sogleich übersetzte sie es aus dem Lateinischen ins Französische. Überdies versah sie ihre Ausgabe mit der auf dem Kontinent gebräuchlichen und im Vergleich zu Newtons holprigen Bezeichnungen weitaus überzeugenderen Schreibweise von Formeln, die Leibniz erdacht hatte. Darüber hinaus erfand du Châtelet einen Begriff, den Newton kurioserweise übersah: die kinetische Energie, also die Energie der Bewegung.

Die statische Physik des Archimedes kennt nur eine Art von Energie: die Energie der Lage, auch potentielle Energie genannt. Je höher ein Körper von der Erdoberfläche entfernt ist, umso größer ist dessen Energie. (Dies stimmt allerdings nur in unmittelbarer Nähe zum Erdboden. Sieht man die Erde als Kugel im Weltall, muss man diese Aussage korrigieren, weil das Feld der Schwerkraft mit dem Quadrat des Abstandes vom Erdmittelpunkt abnimmt: Am Erdboden ist man rund 6370 Kilometer vom Erdmittelpunkt entfernt. Ein Satellit, der sich 25.480 Kilometer, also genau viermal so weit, vom Erdmittelpunkt entfernt befindet, braucht nur ein Sechzehntel der Kraft, um sich einen weiteren Meter von der Erde zu entfernen, als jene, die man benötigt, um den auf dem Erdboden ruhenden Satelliten einen Meter hoch zu heben.) Eine Energie der Bewegung hingegen war Archimedes fremd, weil seine mathematische Beschreibung der Physik nur für Gleichgewichte gedacht war, bei denen alles im Ruhezustand verharrt.

Doch schon als Galilei seine Kugeln die 45 Meter des Schiefen Turms zu Pisa hinauftrug und dann von oben hinunterfallen ließ, kommt die Bewegungsenergie ins Spiel. Ist Galilei im obersten Geschoß des Turmes angelangt, hat er der mitgebrachten Kugel eine Energie verliehen, die man berechnet, indem man ihr Gewicht mit 45 Meter multipliziert, jener Höhe, die sie vom Erdboden bis nach oben geschleppt wurde. Nun lässt Galilei die Kugel hinunterfallen. Nach einer Sekunde hat sich ihre Geschwindigkeit von null auf zehn Meter pro Sekunde erhöht. Der Weg, den sie dabei zurückgelegt hat, errechnet sich, wenn man das Mittel zwischen Anfangs- und Endgeschwindigkeit, also die durchschnittliche Geschwindigkeit von fünf Meter pro Sekunde mit einer Sekunde multipliziert: Nach der ersten Sekunde fiel die Kugel fünf Meter herab. Nach zwei Sekunden hat sich ihre Geschwindigkeit von null auf 20 Meter pro Sekunde erhöht. Der Weg, den sie dabei zurückgelegt hat, errechnet sich genauso wie vorher: Das Mittel zwischen Anfangs- und Endgeschwindigkeit, also die durchschnittliche Geschwindigkeit von zehn Meter pro Sekunde multiplizieren wir nun mit zwei Sekunden Fallzeit: Nach der zweiten Sekunde fiel die

Kugel 20 Meter herab. Und nach drei Sekunden hat sich ihre Geschwindigkeit von null auf 30 Meter pro Sekunde erhöht. Auch hier errechnet sich der Weg, den sie dabei zurückgelegt hat, indem man das Mittel zwischen Anfangs- und Endgeschwindigkeit, also die durchschnittliche Geschwindigkeit von 15 Meter pro Sekunde, mit den drei Sekunden Fallzeit multipliziert: Es ergeben sich 45 Meter. Somit dauert es genau drei Sekunden, bis die Kugel nach dem Abwurf Galileis auf dem Erdboden landet.

Wir veranschaulichen uns dies anhand einer Tabelle:

Fallzeit	Geschwindigkeit	gefallener Weg	verbliebene Höhe
1 Sekunde	10 Meter pro Sekunde	5 Meter	40 Meter
2 Sekunden	20 Meter pro Sekunde	20 Meter	25 Meter
3 Sekunden	30 Meter pro Sekunde	45 Meter	0 Meter

Hatte vor dem Fallen die Kugel das mit 45 Meter multiplizierte Gewicht als potentielle Energie, verbleibt ihr nach einer Sekunde Fallzeit nur mehr das mit 40 Meter und nach zwei Sekunden Fallzeit nur mehr das mit 25 Meter multiplizierte Gewicht als Energie der Lage. Und nach drei Sekunden Fallzeit ist die potentielle Energie völlig aufgebraucht. Wohin ist sie gelangt? Sie darf ja nach dem Erhaltungssatz der Energie nicht verloren gehen. In die Bewegungsenergie, gibt Émilie du Châtelet darauf die Antwort. Nach einer Sekunde, als die Kugel mit zehn Meter pro Sekunde fällt, muss das mit fünf Meter multiplizierte Gewicht in kinetische Energie verwandelt worden sein. Nach zwei Sekunden, die Kugel ist mit 20 Meter pro Sekunde unterwegs, das mit 20 Meter multiplizierte Gewicht und nach drei Sekunden, jetzt fällt die Kugel mit 30 Meter pro Sekunde, das mit 45 Meter multiplizierte Gewicht. Die hier auftretenden Zahlenfaktoren des Gewichts lauten 5, 20 und 45. Und Émilie du Châtelet erkennt: Genau diese Zahlenfaktoren bekommt man, wenn man die Quadrate der zugehörigen Geschwindigkeiten, also die Zahlen 10 × 10 = 100, 20 × 20 = 400 und 30 × 30 = 900, halbiert und danach noch durch zehn dividiert: 100 : 2 = 50, ein Zehntel davon ist 5, 400 : 2 = 200, ein Zehntel davon ist 20, 900 : 2 = 450, ein Zehntel davon ist 45. So kommt Émilie du Châtelet zur Erkenntnis: Die kinetische Energie eines Körpers wächst mit dem Quadrat seiner Geschwindigkeit. Genauer: sie beträgt die Masse des Körpers mit dem halben Quadrat der Geschwindigkeit multipliziert. Dies stimmt mit unseren Rechnungen überein, weil das Zehnfache der Masse des Körpers sein Gewicht benennt.

Doch plötzlich, beim Aufprall auf dem Boden, wird die mit 30 Meter pro Sekunde fallende Kugel abgebremst. Jetzt liegt sie da, hat keine Geschwindigkeit und daher auch keine kinetische Energie. Und potentielle Energie hat sie auch nicht mehr, weil sie auf dem Erdboden liegt. Wohin ist jetzt die Energie geflüchtet, die ja nie verloren gehen darf? Wir verorten sie in der Tatsache, dass die Kugel in den Boden eine Delle geschlagen hat. Etwas gestelzt spricht man von Verformungs- oder Deformationsenergie. Dabei haben sich die Kugel und der Boden einerseits etwas erwärmt und andererseits haben die Atome des Bodens ihre alte Struktur, in der sie angeordnet waren, verändert. So ist die gesamte ursprüngliche Energie von 45 Meter mal dem Gewicht der Kugel buchstäblich in die Erde versenkt worden und dort für uns unwiederbringlich vergraben.

Woher kommt eigentlich Energie?

Es gibt Energieformen, aus denen man Nutzen ziehen kann, und solche, die zwar vorhanden, aber nicht verfügbar und daher für uns unnütz sind.

Am deutlichsten wird dies bei der Wärme, die ebenfalls eine Energieform darstellt. Stellt man einen Topf mit einem Liter Wasser auf den Herd, benötigt man die Energie von einer Kilokalorie, um die Temperatur des Wassers um ein Grad zu erhöhen. Kilokalorie ist eine Einheit der Energie, die seit fast 70 Jahren von den Normungsinstituten als veraltet bekämpft wird, sich aber genauso wie die Einheit Pferdestärke für die Leistung nicht verdrängen lässt. Eine Kilokalorie ist als Energiemenge nicht zu verachten: Mit der gleichen Energie könnte man einen 75 Kilogramm schweren Mann mehr als fünfeinhalb Meter in die Höhe heben. Und das entspricht bei einem Liter Wasser bloß der Temperaturerhöhung um ein Grad! Würde man einen Liter eiskaltes Wasser von null Grad Celsius so lange erhitzen, bis es siedet, also die Temperatur von 100 Grad Celsius erreicht, benötigt man dafür 100 Kilokalorien.

Dazu kommen noch zwei Arten von Deformationsenergien: Um einen ein Kilogramm schweren Eisblock bei null Grad Celsius zum Schmelzen zu bringen und in ein Liter flüssiges Wasser von null Grad Celsius zu verwandeln, braucht man allein 80 Kilokalorien. Dabei ändert sich nicht einmal die Temperatur! Schon aus diesem Grund bleibt in Kitzbühel der Schnee im beginnenden Frühling ziemlich lang liegen, obwohl ihm die Sonne mit ihren zaghaften Strahlen Wärme spendet. Noch aufwendiger ist es, einen Liter siedendes Wasser völlig in 100 Grad Celsius heißen Dampf zu verwandeln: Hierfür sind sage und schreibe 540 Kilokalorien erforderlich.

Dumm ist es hingegen, wenn man den Herd einschaltet, aber vergisst, den Topf Wasser auf die heiße Platte zu stellen. Die 50 Kilokalorien, die man für das Erhitzen von einem Liter Wasser von 20 auf 70 Grad investiert hätte, sind nun an die Umgebung verschleudert worden. Sie haben unmerklich die Temperatur der Luft in der Küche und bei offenem Fenster sogar der gesamten Atmosphäre erhöht.

So wie die Sonne seit Jahrmilliarden in ihrem Inneren Energie erzeugt und nach allen Richtungen hin ins Weltall verstrahlt. Einige dieser Sonnenstrahlen treffen die Erde und treiben mit der von ihnen gespendeten Energie das Wetter an, also die Erwärmung und damit die Strömungen der Atmosphäre, das Verdampfen von Meerwasser und damit die Wolkenbildung und den Regen. Seit der Steinzeit nutzte der Mensch die Sonnenenergie, indem er sie umzuformen und zu speichern verstand: in den Nahrungsmitteln, die er aus den Früchten des Erde gewann. Und indirekt auch aus der tierischen Nahrung, denn die Nahrungskette der Fauna entspringt schließlich der pflanzlichen Nahrung, die aus der Umwandlung von Sonnenenergie hervorgeht. Nicht umsonst misst man den Nahrungsbedarf des Menschen in Kilokalorien: Der Tagesbedarf für erwachsene Menschen wird mit grob 2500 Kilokalorien veranschlagt. Hochleistungssportler benötigen zuweilen weit mehr als das Doppelte.

Nicht nur für die Nahrung, auch für die Herstellung von Wohnraum und Kleidung, ja von allen Bedarfsgegenständen des täglichen Lebens benötigt man Energie. Technik ist deshalb so wichtig, weil sie Mittel zur möglichst effektiven Umwandlung von Energie, zur Speicherung von Energie in konzentrierter Form, zum Transport von Energie darstellt. Seit jeher wurden Bäche, Flüsse und Ströme früher in Mühlen, später in Kraftwerken zur Gewinnung von zugänglicher Energie und zugleich als Wasserwege für den Energietransport genützt. Hinzu kommen die unzähligen Rohrleitungen und Pipelines, entlang derer Energieträger verschoben werden. Am elegantesten ist in fast jeder Beziehung die elektrische Energie: Ihre Wandelbarkeit ist geradezu zauberhaft und der Transport entlang metallischer Kabel von beeindruckender Raffinesse. Dass man in der Schule von Michel Faraday, dem großen Experimentator der Elektrotechnik, und von James Clerk Maxwell, der in vier mathematischen Gleichungen all das niedergelegt hat, was die Elektrotechnik zu bieten vermag, nicht genauso viel lernt wie von Caesar oder von Napoleon, ist eine Schande. Denn die beiden Erstgenannten hatten für die Menschheit auf lange Sicht mehr geleistet, als die beiden Letztgenannten sich in ihren kühnsten Träumen vielleicht einbildeten.

Woher beziehen wir die Energie, die das Fundament unseres Lebens darstellt? Letztlich ist die Quelle fast aller auf der Erde gewonnenen Energie die Sonne. Aber was ist der Ursprung für deren Energie, die sie ununterbrochen in das Weltall verstrahlt?

Einsteins Formel und die Kettenreaktion

Bis zu Beginn des 20. Jahrhunderts dachte man, dass die Sonne wie ein riesiger glühender kugelförmiger Kohlehaufen brennt. Da man wusste, wie viel Energie man einem Kilogramm glühender Kohle im besten Fall entnehmen kann, ließ sich abschätzen, wie lange die Sonne wohl strahlen könne. Trotz der gewaltigen Größe der Sonnenkugel von fast eineinhalb Millionen Kilometer Durchmesser wären der Sonne nur ein paar tausend Jahre zu strahlen vergönnt. Diese Schätzung war ein schwerer Schlag für all jene, die von einer Erde erzählten, auf der sich über Jahrmilliarden die Geschichte der Evolution abspielte. Ohne Sonnenlicht wäre dies undenkbar.

Erst eine im Jahr 1905 von Albert Einstein entdeckte Formel beseitigte den scheinbaren Widerspruch zwischen Milliarden von Jahren beanspruchender Evolution des Lebens und höchstens ein paar tausend Jahre währender Strahlung einer aus glühender Kohle bestehenden Sonne. Im Zuge seiner Relativitätstheorie folgerte Einstein auf rein mathematischem Weg, dass in jeder Masse ungeheuer viel Energie steckt: Multipliziert man die in Kilogramm gemessene Masse mit der Zahl 21.466.398.651.400, also mit mehr als 20 Billionen, errechnet man, wie viele Kilokalorien in ihr stecken.

Wenn man zum Beispiel davon ausgeht, dass der Attersee, der größte ganz in Österreich gelegene See, eine Fläche von mehr als 40 Quadratkilometer überdeckt und eine durchschnittliche Tiefe von knapp weniger als 100 Meter, also ein zehntel Kilometer besitzt, befinden sich in ihm rund vier Kubikkilometer Wasser. Dies sind – umgerechnet auf Liter, also auf Kubikdezimeter – vier Billionen Liter Wasser. Würde in seiner Mitte eine Masse von einem Kilogramm vollständig in Wärmeenergie verstrahlen, könnte man damit die Temperatur des Wassers in diesem kühlen See um mehr als fünf Grad erhöhen.

Einsteins Formel gab dafür die Erklärung, dass eine Sonnenstrahlung über mehrere Milliarden Jahre prinzipiell möglich ist: Die Sonne verwandelt dabei ihre Masse schlicht in Energie. Wie sie dies genau macht, blieb aber Anfang des 20. Jahrhunderts noch im Dunkeln. Wiewohl es, im buchstäblichen Sinn, zumindest ein mattes Leuchten auf dieses Geheimnis gab: Marie und Pierre Curie entdeckten in den Dezembertagen 1898 in der Pechblende aus dem böhmischen St. Joachimsthal ein neues Element, das sie Radium nannten, weil das lateinische radius übersetzt „der Strahl" bedeutet: Radium strahlt unentwegt. Es kann die Energie für sein fahles Licht, so schloss man nach Einsteins Entdeckung seiner Formel, nur aus der Masse, aus der es besteht, entziehen: Nach und nach verliert es einen kaum merklichen Bruchteil von dieser und verwandelt sich dabei in Blei.

Erst in den Dezembertagen des Jahres 1938 zeigte sich, dass man mit Einsteins Formel sogar auf Erden aus Masse direkt Energie in einem viel höheren Maße als vom matten Licht radioaktiver Stoffe gewinnen kann: Die Chemiker Otto Hahn und Fritz Straßmann beschossen auf einem Experimentiertisch des damaligen Kaiser-Wilhelm-Instituts in Berlin Uranatome mit Neutronen, elektrisch neutralen Teilchen, aus denen neben den positiv geladenen Protonen alle Atomkerne bestehen. Sie stellten fest: Das in den Atomkern des Uran eindringende Neutron zerstört dessen Zusammenhalt und bringt ihn zum „Zerplatzen" – dies ist das Wort, das Hahn damals verwendete. Als Bruchstücke bleiben zwei kleinere Atomkerne, einer von Barium, der andere von Krypton, sowie zwei freie Neutronen übrig, die ihrerseits wegfliegen und – falls genügend Uran vorhanden ist – weitere Uranatomkerne treffen.

Doch das ist noch nicht alles. Hahn schrieb sogleich einen Brief an seine ehemalige Mitarbeiterin, die brillante

Physikerin Lise Meitner, die als Jüdin einige Monate zuvor aus Deutschland floh, weil sie ihr österreichischer Pass nach Hitlers Überfall auf Österreich nicht mehr schützte.

Aus seinem Schreiben entnahm die im schwedischen Exil weilende Kollegin Hahns eine schwerwiegende Folgerung: Wenn man einerseits die Masse eines Atomkerns von Uran und die eines Neutrons addiert und wenn man andererseits die Massen der Atomkerne von Barium und Krypton zusammen mit den Massen der zwei abgespaltenen Neutronen addiert, erhält man bei der zweiten Summe einen geringfügig kleineren Wert als bei der ersten Summe. Die Differenz zwischen den beiden Summen nennt man den „Massendefekt", ein gut gewähltes Wort. Denn beim Spaltprozess ist offenkundig ein kleiner Teil der Ausgangsmasse „verloren gegangen". Die Einsteinformel lehrt, dass sie sich in Energie verwandelt hat. Diese Energie wird einerseits in Form von Strahlen an die Umgebung abgegeben, andererseits als Bewegungsenergie: Beide Bruchstücke und die frei gewordenen Neutronen fliegen mit sehr hoher Geschwindigkeit auseinander. Im umliegenden Material werden sie abgebremst und erzeugen dabei „Reibungswärme", indem sie ihre Bewegungsenergie in einzelnen Stößen ungeordnet nach und nach auf viele Atome des umgebenden Materials übertragen.

Beim Experiment von Hahn und Straßmann war nur wenig spaltfähiges Uran vorhanden. Die frei gewordenen Neutronen verloren sich daher sehr rasch im Nirgendwo. Aber wenn eine sogenannte „kritische Masse" vorliegt, also hinreichend viel spaltbares Uran, führt die Zertrümmerung eines Atomkerns durch ein Neutron zu den Bruchstücken und zwei auf weitere Uranatomkerne zielende Neutronen.

Die beiden Uranatomkerne zerplatzen ebenfalls und stoßen neben den Bruchstücken jeweils zwei weitere, also nun insgesamt vier auf neue Uranatomkerne zielende Neutronen ab. Und diese Verdopplung setzt sich fort. Dies ist die berühmte Kettenreaktion, die bei der ungehemmten Kernspaltung einsetzt, blitzartig verläuft und augenblicklich eine riesige Energie explosiv freisetzt. Es ist die Explosion der Uranatombombe. In den Augusttagen 1945 wurden zwei dieser Bomben über den Städten Hiroshima und Nagasaki gezündet und vernichteten dabei schlagartig Hunderttausende Menschenleben.

Die Wucht der Kettenreaktion erkennt man, wenn man sich die Zahlen der abgestoßenen Neutronen nach jedem Spaltvorgang vor Augen hält: Aus dem einen eindringenden Neutron entstehen zuerst zwei, dann vier, dann acht, dann 16, dann 32, dann 64, dann 128, dann 256, dann 512, dann 1024. Bereits nach der zehnten Verdopplung hat sich die Zahl der umherfliegenden Neutronen mehr als vertausendfacht. Nach der zwanzigsten Verdopplung sind es mehr als eine Million, nach der dreißigsten Verdopplung mehr als eine Milliarde, nach der vierzigsten Verdopplung mehr als eine Billion Neutronen. Diese gigantische Zunahme, in der Fachsprache der Mathematik das exponentielle Wachstum genannt, sprengt das Vorstellungsvermögen. Trotzdem darf man die Faustregel nie vergessen, die das exponentielle Wachstum beherrscht: Nach einer zehnmaligen Verdopplung ist bereits das Tausendfache der Ausgangsmenge vorhanden. [Siehe Abb. 10]

Mit raffinierten Methoden gelang es dem aus dem faschistischen Italien nach Amerika geflohenen Physiker Enrico Fermi, die Kettenrektion zu bremsen. Er schob

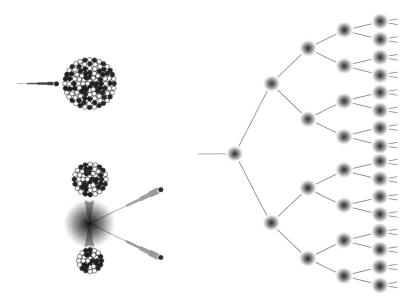

Abb. 10: Links oben bewegt sich ein Neutron auf den Kern eines Uranatoms und dringt in ihn ein. Links unten ist der Uranatomkern vom eindringenden Neutron in zwei große Bruchstücke zerfallen, und zwei weitere freie Neutronen bewegen sich fort, wobei sie weitere Atomkerne spalten können. Außerdem wird bei diesem Spaltprozess Energie frei. Rechts ist das Prinzip der Kettenreaktion symbolisiert: Ein freies Neutron spaltet einen Kern und schickt zwei freie Neutronen zur weiteren Kernspaltung auf den Weg. Im nächsten Schritt werden zwei, in nachfolgenden Schritt vier, dann acht, dann 16 Kerne gespalten. Diese Verdopplung der gespalteten Kerne setzt sich explosionsartig fort.

Graphitstäbe und Cadmiumbleche zwischen das spaltbare Uran, weil diese beiden Materialien freie Neutronen aufsaugen und damit vom Prozess der Uranatomkernspaltung ausschließen. 1942 konstruierte Fermi auf diese Weise das erste funktionierende Kernkraftwerk, den „Chicago Pile 1". Der Reaktor wurde unter einer stillgelegten Tribüne eines Football-Stadions auf dem Campus der University of Chicago aufgebaut. Er bestand aus einer fast acht Meter hohen, kugelförmigen Aufschichtung von Blöcken aus mehr als fünf Tonnen Uranmetall, 45 Tonnen Uranoxid und 360 Tonnen Graphit. Zur Kontrolle der Reaktion wurden als Steuerstäbe Neutronen absorbierende Cadmium-Bleche verwendet. Die Anlage wurde höchst primitiv gesichert: Im Notfall hätte ein Monteur das Befestigungsseil eines über dem Uranstapel hängenden Regelelements mit einer Axt durchtrennt, das dann in den Reaktor gefallen wäre und so die Kettenreaktion unterbunden hätte.

Die Erfindung des Geldes

Nun ist es aber nicht so, dass erst mit der Entdeckung der Spaltung des Uranatomkerns das exponentielle Wachstum als bedeutsam erkannt wurde. Spätestens in der Renaissance hatte man es bereits in den reichen italienischen Handels- und Finanzmetropolen eingehend betrachtet – aber nicht im Zusammenhang mit physikalischen, sondern mit wirtschaftlichen Vorgängen.

Es begann damit, dass man Geld in zweifacher Weise zu nutzen lernte. Entweder gibt man es sofort aus, oder man legt es an. Betrachten wir zunächst die erstgenannte, naheliegende und sehr einfach zu verstehende Nutzung:

Wer Geld sofort ausgibt, erblickt im Geldschein bloß ein Mittel zur Belebung des Handels: Ohne Geld wäre man auf den Tauschhandel angewiesen, den es seit der Steinzeit gab: Die Felle, die ein Jäger in Überzahl vorhanden hat, tauscht er gegen Kräuter, die er für sein Wohlbefinden benötigt.

Damit dies gelingt, muss der Jäger eine benachbarte Kräuterfrau kennen. Sie muss hinreichend viele Kräuter ihr Eigen nennen. Sie muss bereit sein, sich von ihrem Kräuterschatz jedenfalls teilweise zu trennen. Und sie muss, zum Beispiel für ihre Kleidung, tatsächlich die Felle des Jägers benötigen. Nach der Erfindung des Geldes wird dieser mit so vielen Hindernissen versehene Tauschhandel entscheidend vereinfacht: In meiner Wohnung befinden sich acht Sessel, aber kein Tisch. Ich benötige nur vier Sessel und hätte gerne einen Tisch. Von meinem Nachbarn höre ich, dass ihm dringend vier Sessel fehlen. Ich gehe zu ihm, biete ihm meine überzähligen vier Sessel an und möchte von ihm dafür einen Tisch. Doch mein Nachbar hat nur den Tisch, den er selbst braucht. Somit ist ein Tauschhandel ausgeschlossen. Dafür aber hat mein Nachbar ein Stück Papier mit einer aufgedruckten Zahl und einer Unterschrift: Geld. Diesen an sich wertlosen Schein gibt er mir und versichert mir, dass ich damit zum Händler gehen kann. Der Händler würde mir den Schein abnehmen und dafür einen Tisch geben. Nicht nur mein Nachbar, auch ich vertraue auf die wundersame Wirkung dieses bedruckten Blattes Papier – aber nicht allzu lang: In Windeseile bin ich beim Händler und dort tatsächlich den Schein los, habe aber dafür den von mir gewünschten Tisch erworben.

Bei diesem kurzfristigen Handel sind alle daran Beteiligten davon überzeugt: Geld ist – wie in der Physik die Energie – eine Erhaltungsgröße. Das Geld, das ich gestern erhalten habe, gebe ich schon heute für etwas aus, das am Vortag so viel wert war wie heute. Ich gebe es lieber heute aus als morgen. Denn die Zukunft ist auf lange Sicht unsicher.

Nur eine Kunstfigur wie Dagobert Duck hortet Geld in einem drei Kubikkilometer großen Speicher. Und selbst er ist klug genug, es nicht als wertlose Papierscheine, sondern in Form von Münzen bei sich zu bewahren. Damit hatte man schon seit der Antike den Besitzern von Geld Sicherheit versprochen: Die auf der Münze geprägte Zahl teilt den tatsächlichen Wert des Metalls mit. Zum Zeitpunkt der Prägung und kurz danach mag das richtig gewesen sein, doch im Laufe der Jahrzehnte klaffen geprägter Wert und Metallwert immer mehr auseinander. Die Zahl auf der Münze aber ist im funktionierenden Gemeinwesen das Wesentliche. Und im Papiergeld erkennt man dies noch deutlicher: Es existiert allein deshalb, weil ein gemeinsames Vertrauen auf die auf dem Papier gedruckte Zahl und den mit ihr verbundenen Wert herrscht. Jedenfalls für kurze Zeit.

Lange horte ich Geldscheine nicht in meiner Brieftasche oder gar unter meinem Kopfpolster. Geld will ausgegeben werden. Oder – und nun kommt der zweitgenannte Nutzen zur Sprache – es will investiert werden. Ich gebe es nicht aus, weil ich gleich jetzt konsumieren möchte, sondern weil ich mir in ferner Zukunft einen Nutzen erwarte. Der hoffentlich größer ist, als jener, den ich heute für das gleiche Geld erhielte. Oder den es heute noch gar nicht gibt, der Zukunftsmusik ist. Man kann, vom Erfolg seines Geschäftes überzeugt, das Geld in seine eigene Unternehmung investieren. Man kann aber auch auf den Unternehmergeist anderer setzen, die zwar nicht Geld zur Verfügung haben, dafür vor gewinnbringenden Ideen nur so strotzen und zuverlässig sind. Oder man überlässt solche Investitionen einer Firma, der man vertraut, dass sie mein Geld zu mehren versteht: der Bank.

Auf lange Sicht ist Geld keine Erhaltungsgröße. Darum ist Wirtschaft komplizierter als Physik.

Leider wurde, historisch bedingt, die Geldvermehrung dadurch besonders undurchsichtig, dass man in der Zeit der Gründung der ersten Banken das Bruchrechnen noch nicht gut beherrschte. Man kannte noch nichts vom gemeinsamen Nenner, den man beim Addieren und Subtrahieren von Brüchen benötigt. Deshalb versuchte man, nur mit einem einzigen Nenner zu rechnen: Alles sollte in Hundertstel, also in Prozent, ausgedrückt werden.

Verbunden damit ist, dass man von einer Addition von fünf Prozent spricht, wenn zum Kapitel fünf Hundertstel dieses Kapitals hinzugefügt werden. Besser sollte man von einer Multiplikation des Kapitals mit eins plus dem Hundertstel der Prozentzahl sprechen, also in unserem Beispiel mit dem Faktor $1 + {}^5/_{100}$. Was niemand tut.

Eine Quelle fataler Irrtümer:

Ich gehe zu meinem Finanzberater und frage ihn, wie es mit meiner Geldanlage in den letzten drei Jahren gelaufen ist. „Ein wenig verwachsen", gibt er mir verlegen zur Antwort, „im ersten Jahr hatten wir ein Plus von 15 Prozent, im nächsten Jahr aber einen Absturz von 20 Prozent." Meiner Bestürzung versucht er zuvorzukommen: „Aber keine Sorge", beeilt er sich zu beruhigen, „dieses Jahr haben wir wieder fünf Prozent Wachstum. Gottlob ist wenigstens kein Verlust entstanden."

Zuhause berichte ich meiner Frau, dass wir bei meiner Investition glimpflich davongekommen sind. Worauf diese zu rechnen beginnt: „20.000 Euro hast du investiert. Im ersten Jahr 15 Prozent dazu, das ergibt 23.000 Euro. Dann das Minus von 20 Prozent, also 4600 Euro weniger: das macht 18.400 Euro. Davon sind ein Zehntel und dann die

Hälfte fünf Prozent, mit anderen Worten 920 Euro. Gebe ich die zu 18.400 Euro dazu, hast du von deinen ursprünglich 20.000 Euro heute nur mehr 19.320 Euro. Also 680 Euro Verlust! Was heißt da glimpflich?"

Die drei wichtigsten Regeln

Drei wichtige Regeln muss man sich regelrecht einverleiben, wenn man Zuwächse oder Abnahmen mit Prozenten beschreibt. Die erste von ihnen haben wir bereits angesprochen: Prozentrechnen gründet eigentlich auf der Multiplikation, nur scheinbar auf der Addition: Die Vermehrung des Kapitals errechnet sich, indem man das Kapital mit dem Faktor eins plus dem Hundertstel der Prozentzahl multipliziert. Die Verminderung des Kapitals errechnet sich, indem man das Kapital mit dem Faktor eins minus dem Hundertstel der Prozentzahl multipliziert. Will man aber vom vermehrten oder vom verminderten Kapital auf das ursprüngliche Kapital zurückschließen, muss man durch die genannten Faktoren dividieren.

So errechnet sich der um die 20-prozentige Umsatzsteuer vermehrte Nettokaufpreis von 2500 Euro, indem man diesen mit $1 + {}^{20}/_{100}$ multipliziert. Natürlich rechnet man praktisch so, dass man ein Zehntel von 2500 Euro verdoppelt und zu den netto 2500 Euro addiert, woraus sich brutto 3000 Euro ergeben. Aber man darf nicht dem Irrtum verfallen, dass man aus dem Bruttopreis von 3000 Euro den Nettopreis zurückgewinnt, indem man von diesem 20 Prozent abzieht. Denn 20 Prozent von 3000 Euro sind respektable 600 Euro, und man erhielte einen falschen Nettopreis von

2400 Euro. Tatsächlich muss man die Multiplikation mit $1 + {}^{20}/_{100}$ rückgängig machen, und da erweist es sich schon als günstig, dass man weiß, dass dieser Faktor auch als $^6/_5$ geschrieben werden kann. Denn die Division durch $^6/_5$ entspricht einer Multiplikation mit $^5/_6$, und tatsächlich ergibt der Bruttokaufpreis 3000 Euro mit $^5/_6$ multipliziert den ursprünglichen Nettokaufpreis 2500 Euro zurück.

Die zweite Regel ergibt sich aus der ersten: Nimmt man einen Kredit von 100.000 Euro auf und vereinbart man mit dem Kreditgeber eine einmalige Rückzahlung nach zehn Jahren, wobei eine jährliche Steigerung der Schuld um sieben Prozent, also ein Kreditzins von sieben Prozent pro Jahr fixiert ist, darf man nicht den folgenden Denkfehler begehen: Da sieben Prozent des Kapitals 7000 Euro betragen, werden in zehn Jahren zusätzlich zu den 100.000 Euro noch 70.000 Euro fällig, also insgesamt 170.000 Euro zu zahlen sein. Tatsächlich rechnet der Gläubiger so: Die Steigerung der Schuld pro Jahr entspricht einer Multiplikation der Schuld mit $1 + {}^7/_{100}$, also mit der Zahl 1,07. Dieser Faktor zehnmal hintereinander mit sich multipliziert ergibt den Steigerungsfaktor nach zehn Jahren. Man schreibt dafür $1,07^{10}$ und rechnet 1,07 zehnmal mit sich multipliziert aus. Damals, als das Bankwesen seinen Anfang nahm, noch mühselig mit der Hand, heute mit dem Drücken von ein paar Tasten, und bekommt, auf zwei Nachkommastellen gerundet, 1,97. Daher muss nach zehn Jahren der Schuldner 197.000 Euro – genauer gerechnet: 196.715,14 Euro, aber grob gerundet: 200.000 Euro – zurückzahlen. Praktisch das Doppelte der geliehenen Summe!

Dieselbe Verdopplung ergäbe sich, wenn man den halb so großen Prozentsatz von 3,5 Prozent Zinsen pro Jahr, aber eine doppelt so lange Laufzeit von 20 Jahren vereinbaren würde. Dieselbe Verdopplung ergäbe sich sogar bei nur ein Prozent Zinsen pro Jahr, wenn man erst in 70 Jahren die Schuld begleichen müsste – sogar ziemlich genau, denn $1,01^{70}$, in den Taschenrechner eingetippt, liefert ein klein wenig mehr als den Faktor zwei.

Dies ist eine der wichtigsten Formeln, welche die Mathematik dem Leben anbietet: Dividiert man die Zahl 70 durch die Prozentzahl der jährlichen Verzinsung, erhält man mit dieser Faustregel die Zahl der Jahre, während der sich das Kapitel verdoppelt. Kurz: Die Verdopplungszeit ist, grob gesprochen, 70 dividiert durch die Prozentzahl.

Die dritte Regel besagt, dass zehnmaliges Verdoppeln ziemlich genau einer Multiplikation mit tausend gleichkommt. Denn der Faktor zwei, zehnmal mit sich multipliziert, ergibt den Faktor 1024, also praktisch die Zahl 1000. Auch dieses Wissen sollte man in sich aufnehmen – im Englischen heißt es so schön „to learn by heart", wörtlich: „mit dem Herzen lernen", wenn man etwas auswendig lernt. Denn mit diesem Wissen ist die Erkenntnis verbunden: Ein ständiges Verdoppeln führt in kürzester Zeit zur Explosion. Bei der Kettenreaktion des Uranzerfalls im wahrsten und schrecklichsten Sinn des Wortes. Aber auch in der Wirtschaft: Wenn nämlich die berüchtigten Blasen entstehen, bei denen kurzfristig jährliche Zuwachsraten von über 30 Prozent in Aussicht gestellt werden, was innerhalb einer einzigen Generation das Tausendfache des eingesetzten Kapitals als Gewinn verspräche – was purer Unsinn ist. Denn auch die Bäume der Wirtschaft wachsen nicht in den Himmel. Die Blasen kurzfristiger Verdopplungen müssen irgendwann platzen. Es ist sogar absehbar, dass man es selbst noch erlebt – aber wann es genau der Fall sein wird, weiß niemand.

Grässlich aber ist es auch, wenn es überhaupt keine Zinsen gibt. Denn in diesem Fall bringt die Investition von Kapital für die ferne Zukunft nichts. Und das Argument, dass man auch bei moderaten Zinssätzen ebenfalls mit dem Phänomen der Verdopplung und bei fortgesetzter Verdopplung in die Krise schlittern werde, greift hier nicht: Denn in der langen Zeit dazwischen wird sich die Welt als Ganzes gewandelt haben: Neue Märkte werden erschlossen, neue Waren werden hergestellt, neue Bedürfnisse wollen befriedigt werden. Es ist wirklich so: Selbst in der Schweiz, in der alles gemächlich vorangeht und die von großen Krisen verschont blieb, kann man mit dem Geld von vor 100 Jahren heute nichts mehr kaufen. Es sind dies die qualitativen Änderungen, die man mit der Mathematik, die am Quantitativen festgezurrt ist, wohl nie wird fassen können.

Mathematik ist die Kunst, Unbekannte in Gleichungen einzusetzen und zu berechnen. Doch es handelt sich dabei um „bekannte Unbekannte", von deren Wesen man weiß, die man mit Symbolen bezeichnet und deren Größe man berechnen will. Was aber ist mit den „unbekannten Unbekannten", die auf das Geschehen Einfluss nehmen, ohne dass wir deren Wesen verstehen und die wir nicht mit Symbolen bezeichnen können? Ihnen gegenüber ist Mathematik machtlos. Trotzdem mag es sein, dass es sie gibt. Nicht alles im Leben ist Mathematik.

V

EIN LOB AUF DIE ZENTRALEN TESTS UND EIN ABGESANG

Zentrale Tests als Rettung vor mathematischem Nonsens

Wie viel Mathematik sollen alle lernen, die in die Schule gehen – gleichgültig, ob sie für das Fach begabt sind oder nicht? So viel, wie man zum Leben braucht, lautet die naheliegende Antwort. Sie klingt vernünftig, aber der Haken liegt im Detail. Wo ist die Grenze zu ziehen?

Es sei mir erlaubt, ehrlich zu bekennen: Genau weiß ich es nicht.

Ich bezweifle jedoch auch, ob sich die Ersteller von Lehrplänen dessen so sicher sind, wie sie es gegenüber jenen politischen Entscheidungsträgern vorgeben, die diese Lehrpläne schließlich in Gesetzesform gießen. Vor mehr als 50 Jahren ereignete sich nämlich etwas im Schulfach Mathematik, das meinen Zweifel bestärkt. Damals wandelte sich der in der Schule gelehrte Stoff weitaus radikaler, als es je die Kleidermode von einer Saison zur nächsten tat. Seither kommt die Diskussion um die Mathematik in der Schule nicht mehr zur Ruhe.

Es war das Schlagwort „Mengenlehre", das einen völlig neuen Unterricht in Mathematik verhieß. Die alten Methoden mit ihren, wie das Nachrichtenmagazin *Der Spiegel* 1974 schrieb, Serien von mechanischen Prozessen, die nachzumachen und auswendig zu lernen waren, hatten, so versprach man, mit dem neuen Mathematikunterricht endlich ausgedient. Allen Ernstes verkündete Jean Dieudonné, ein zwar einflussreicher, aber verschrobener Vertreter abstraktester und weltfremdester Mathematik, aus voller Überzeugung die Parole: „Nieder mit Euklid – Tod den Dreiecken!" Ab jetzt werde alles logisch aufgebaut. So lautete die Losung der damals von heißem Enthusiasmus erfüllten Didaktiker, die glaubten, den Stein der Weisen gefunden zu haben. Alles wurde auf den Begriff der Menge zurückgeführt. Selbst eine Zahl ist eine verklausulierte Menge. Null steht für die „leere Menge", die buchstäblich nichts enthält. Eins steht für die Menge, welche die leere Menge enthält. Eins enthält also etwas: Nämlich das, was nichts enthält – wer jetzt nicht beginnt, den Kopf zu schütteln, dem ist nicht mehr zu helfen. Und dass zwei für jene Menge steht, die eins und null enthält, erfreut vielleicht noch kauzige mathematische Feinspitze, aber niemanden sonst. Man stelle sich vor: Kinder mussten auf die Frage, wie viel 5 + 3 ergibt, mit dem Satz antworten: „Das Gleiche wie 3 + 5, denn es gilt das kommutative Gesetz der Addition."

Kein Wunder, dass Morris Kline, eminenter Mathematiker und profunder Kenner der Geschichte und Philosophie seiner Wissenschaft, sich flammend dagegen empörte und wutentbrannt einen Artikel mit dem bezeichnenden Titel *Why Johnny Can't Add* zu Papier brachte. Denn fast alles, was Mathematik wertvoll und nützlich macht, blieb im Mengenlehreunterricht auf der Strecke. Die forschen und in ihrer Hybris unbelehrbaren Didaktiker ließen Klines Kritik und die ebenso große Bestürzung anderer Autoritäten, auch von Elternverbänden, von Medien, von erfahrenen Praktikern des Schulunterrichts, anfangs kalt.

Nicht vernünftige Argumente, die Morris Kline, Richard Feynman und andere gegen die Mengenlehre in der Schule vorbrachten, zwangen sie zum Umdenken. Vielmehr wurde die Generation der Didaktiker, die sich dem abstrakten Mathematikunterricht verschrieben hatten und über ihre Pensionierung hinaus verblendet blieben, durch eine neue Generation abgelöst, die endlich erkannte, dass Mengenlehre den Mathematikunterricht wie ein von einem Wahnsinnigen gelenktes Auto ungebremst gegen die Wand rasen lässt.

Der drohende Unfall wurde zwar abgewendet, Mengenlehre ist aus der Schule fast ganz verschwunden. Aber dennoch quälten sich seither die Ersteller der Lehrpläne um die Leitlinien, die den Lehrerinnen und Lehrern in der Schule Sicherheit geben, was jedem ihrer Kinder in Mathematik an Wissen und Können abverlangt werden soll. Allein eine Rückkehr zum Althergebrachten, gleichsam der Parole „Hoch Euklid – es leben die Dreiecke!" folgend, schien ihnen verfehlt, aus welchen Gründen auch immer. Vielleicht bloß deshalb, weil ihnen die Rückkehr altmodisch vorkam. Sie wäre zugleich Eingeständnis eines blamablen Versagens. Der Lehrplan, so dürften sie überzeugt gewesen sein, ist Moden unterworfen. Man kann ihn wechseln wie die Kleider.

Erst mit der Einführung von sogenannten standardisierten Tests, die mit eigenartigen Kunstnamen wie TIMSS (für „Trends in International Mathematics and Science Study") oder PISA (für „Programme for International Student Assessment") auftrumpfen, lichtete sich ein wenig das Dunkel des Dickichts, in das die Irrwege führten, welche die Didaktiker unermüdlich beschritten. Auch die Einführung einer zentralen schriftlichen Reifeprüfung hat zum

Zwecke der Klärung dem Mathematikunterricht gut getan. Denn Tests wie diese sind Orientierungshilfen. Sie beantworten die Frage, wie viel Mathematik alle lernen sollen, die in die Schule gehen: So viel, um die auf sie zukommenden Tests positiv zu bestehen.

Eine gute Testaufgabe

Befriedigend ist diese Antwort jedoch keineswegs. Und zwar aus zwei Gründen, die eingehend erörtert werden sollen.

Der erste Grund lautet, dass mit dieser Antwort das an die Frage geknüpfte Problem bloß verschoben wurde: Es wurde von der Erstellung des Lehrplans auf die Erstellung von Aufgaben für die standardisierten Tests verlagert. Die nun sich aufdrängende Frage lautet: Welche Testaufgaben sollen einen guten Mathematikunterricht krönen?

Hierauf eine allgemeingültige Antwort zu geben, die höchst theoretisch anmutet und, mit dem Repertoire hochtrabend klingender pädagogischer Begriffe überfrachtet, in ungenießbarem Fachjargon verfasst ist, überlasse ich gerne den in ihren Elfenbeintürmen hausenden Didaktikern und den selbsternannten Bildungsexperten. Stattdessen wollen wir anhand zweier konkreter Beispiele, einer hervorragend gelungenen Testaufgabe einerseits und einer völlig untauglichen Testaufgabe andererseits, intuitiv verstehen, was man von Tests erhoffen darf und welche Erwartung man nicht in sie setzen soll.

Betrachten wir als erstes Beispiel die folgende typische PISA-Aufgabe: „Vorgelegt ist eine Karte von Vorarlberg. Mithilfe der beigefügten Maßstableiste ist abzuschätzen,

10 km

Abb. 11: Karte des Umrisses von Vorarlberg mit einer Windrose und einer Maßstableiste.

welchen Flächeninhalt dieses österreichische Bundesland besitzt. Es ist zum Auffinden der Antwort erlaubt, auf dem Papier mit der Karte zu zeichnen." [Siehe Abb. 11]

Diese Aufgabe, die gemäß der PISA-Regeln Sechzehnjährigen aller Schultypen gestellt wird, ist aus mindestens fünf Gründen vortrefflich.

Erstens zeichnet sich die Aufgabe durch einen kurzen, nur aus drei einfachen Sätzen bestehenden Text aus. Es ist verständlich formuliert, wonach gesucht wird.

Zweitens ist die Aufgabe nicht an den Haaren herbeigezogen. Wie groß der Flächeninhalt eines Gebietes auf der Erde ist, empfindet man als naheliegende und interessante Frage.

Drittens wird nicht mitgeteilt, mit welcher Methode die Antwort gefunden werden soll. In dieser Aufgabe wird

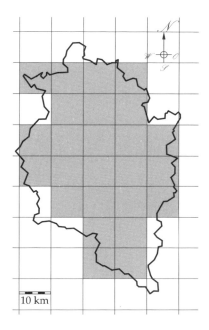

Abb. 12: Ungefähre Bestimmung des Flächeninhalts von Vorarlberg mit Hilfe eines Rasters von Quadraten, die jeweils 100 Quadratkilometer groß sind. Vorarlberg hätte demnach einen Flächeninhalt von rund 2500 Quadratkilometer (die Landfläche Vorarlbergs beträgt genauen Messungen zufolge 2.533,84 Quadratkilometer).

10 km

tatsächlich auf Kreativität Wert gelegt. Und wirklich gibt es verschiedene Möglichkeiten, mit der vorliegenden Karte und der Maßstableiste den Flächeninhalt von Vorarlberg zu schätzen:

Eine davon wäre, von der Maßstableiste aus einen Raster zu zeichnen, der aus lauter Quadraten besteht, die zehn Kilometer Seitenlänge besitzen. Dieser Raster überdeckt Vorarlberg. Einige seiner Quadrate liegen ganz im Bundesland; wir nennen sie „Vorarlberger Quadrate". Einige liegen ganz außerhalb, sind daher keine Vorarlberger Quadrate. Und durch die restlichen zieht sich die Grenze Vorarlbergs. Man zählt sie dann zu den Vorarlberger Quadraten, wenn sie den Eindruck hinterlassen, dass mehr als die Hälfte ihrer Fläche zu Vorarlberg gehört. Da jedes Quadrat zehn mal zehn, somit 100 Quadratkilometer groß ist, erhält man die Antwort auf die im Beispiel gestellte Frage, indem man die Anzahl der Vorarlberger Quadrate mit 100 Quadratkilometer multipliziert. [Siehe Abb. 12, S. 91]

Anders könnte man die Aufgabe lösen, indem man in der Karte Vorarlberg durch ein Rechteck ersetzt. Man skizziert dieses Rechteck so, dass jener Teil von Vorarlberg, der von ihm nicht überdeckt wird, grob geschätzt mit jenem Teil des Rechtecks flächengleich ist, das nicht zu Vorarlberg gehört. Länge und Breite des Rechtecks werden mit dem Lineal gemessen, und der mit dem Lineal durchgeführte Vergleich an der Maßstableiste teilt mit, wie viele Kilometer das Rechteck lang und wie viele Kilometer es breit ist. Diese beiden Zahlen miteinander multipliziert ergeben eine Schätzung, aus wie vielen Quadratkilometern die Fläche von Vorarlberg besteht. [Siehe Abb. 13]

Eine Variante dieses zweiten Lösungsweges besteht darin, dass man statt eines Rechtecks ein Parallelogramm heranzieht, das der Form des Bundeslandes möglicherweise besser angepasst ist. Allerdings muss man wissen, nach welcher Formel der Flächeninhalt eines Parallelogramms ermittelt wird. Jemand anderer könnte als weitere Variante die Form von Vorarlberg mit einer Kreisfläche zu vergleichen versuchen. Oder als dritte Variante dieses zweiten Lösungsweges könnte man die Fläche von Vorarlberg mit zwei oder mit drei Rechtecken ziemlich genau zu überdecken versuchen. Danach kann man, so wie oben beschrieben, die Flächeninhalte dieser Rechtecke ermitteln und schließlich addieren.

Unter den hier genannten Varianten besitzt die erste den Vorteil, dass man überdies in Erfahrung bringen kann, wie groß der Flächeninhalt Vorarlbergs mindestens ist (man

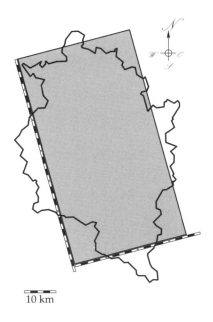

10 km

Abb. 13: Ungefähre Bestimmung des Flächeninhalts von Vorarlberg mit Hilfe eines Rechtecks, das der Fläche von Vorarlberg nahe kommt. Das Rechteck ist rund 68 Kilometer lang und rund 36 Kilometer breit, demnach besitzt wegen 68 x 36 = 2448 Vorarlberg grob geschätzt einen Flächeninhalt um die 2500 Quadratkilometer.

zählt nur die Quadrate zu den Vorarlberger Quadraten, die im ganzen Bundesland liegen) und wie groß dieser Flächeninhalt höchstens ist (hier ist bei der Zählung bereits dann ein Quadrat ein Vorarlberger Quadrat, wenn es wenigstens teilweise Vorarlberger Boden berührt). Man weiß daher, wie genau man geschätzt hat. Und man erkennt zugleich: Würde der Raster mit kleineren Quadraten feiner gezogen werden, ergäbe sich eine genauere Schätzung des Flächeninhalts Vorarlbergs.

Dass anhand solcher Überlegungen eine von Newton und Leibniz erfundene wegweisende mathematische Methode, die sogenannte Integralrechnung, unausgesprochen von den Kandidatinnen und Kandidaten selbständig zumindest erahnt wird, ist ein weiterer Vorzug dieser Aufgabe.

Viertens verlangt diese Aufgabe grundsätzliches Verstehen geometrischer Zusammenhänge, ein souveränes Umgehen mit zwar einfachen, dafür aber sehr brauchbaren geometrischen Begriffen. Wer diese Aufgabe löst, weiß zugleich, dass es sich gelohnt hat, über elementare Geometrie Bescheid zu wissen.

Fünftens lehrt diese Aufgabe sehr gut, dass Gegebenheiten der Welt mit Mathematik am besten verstanden werden, wenn man Größen grob zu schätzen lernt. Sie genauer zu berechnen, erfordert zumeist verwirrend komplizierte Methoden, die oft für den Zweck, wozu man die Berechnung braucht, viel zu aufwendig sind. Und völlig exakt sind Gegebenheiten der Welt ohnehin nie mit Zahlen zu fassen. Der größte Mathematiker der Neuzeit, Carl Friedrich Gauß, der von Kindheit an ein begnadeter Rechenkünstler war, betonte trotz seines stupenden Talents, komplizierteste Rechnungen im Kopf fehlerfrei und schnell auszuführen, nachdrücklich: „In nichts zeigt sich der Mangel an mathematischer Bildung mehr als in einer übertrieben genauen Rechnung."

Selbst gute Aufgaben tragen Tücken in sich

Ich bekenne: Es handelt sich bei der Aufgabe, den Flächeninhalt Vorarlbergs zu schätzen, nicht um ein echtes PISA-Beispiel, sondern um eine von mir erfundene Abwandlung einer PISA-Aufgabe. Die wirkliche PISA-Aufgabe hatte nicht das kleine Bundesland Vorarlberg, sondern einen großen Kontinent, nämlich die Antarktis, in einer Karte den Sechzehnjährigen vorgelegt und ebenfalls mit einer beigefügten Maßstableiste den Flächeninhalt dieser fast menschenleeren

Gegend abzuschätzen gefordert. Das Adjektiv „menschenleer" war wohl der Grund für die Erfinder der PISA-Aufgabe, just die Antarktis zu wählen. PISA wird nämlich weltweit getestet, nur menschenleere Gegenden sind von PISA verschont. Wäre statt der Antarktis wie oben Vorarlberg zum Zug gekommen, hätte dies für die in Vorarlberg Getesteten einen ungerechten Vorteil bedeutet – und das will PISA vermeiden. Was allerdings mit Nachteilen verbunden ist:

Erstens ist die Antarktis im Vergleich zu Vorarlberg riesig. Während 2500 Quadratkilometer als Fläche eines Quadrats von 50 Kilometer Seitenlänge begreiflich sind, entziehen sich 15 Millionen Quadratkilometer jeglicher Vorstellungskraft.

Zweitens ist just bei der Antarktis nicht klar, welcher Teil der in der Karte bezeichneten Fläche wirklich über dem Meeresspiegel ragendes Festland ist und welcher Teil aus Schelfeis besteht, das die Meeresfläche überdeckt.

Drittens kann man mit Recht fragen, ob die vorgelegte Karte nicht Verzerrungen aufweist, die einer Abschätzung des Flächeninhalts prinzipiell zuwiderlaufen. Die Antarktis bedeckt bereits einen erheblichen Teil der kugelförmigen Erde, und spätestens seitdem Gauß sein Buch über die Flächentheorie verfasst hat, wissen wir: Die Kugel, oder große Teile von ihr, lassen sich nie so auf einer ebenen Karte wiedergeben, dass alle Entfernungen im festen Maßstab mit einem Lineal gemessen werden können. So gesehen ist die Maßstableiste bei der Karte der Antarktis ein mathematischer Unsinn. Beim kleinen Vorarlberg tritt dieses Problem nicht auf. Denn der Teil der Erdkugel, den das im Vergleich zum Globus kleine Vorarlberg überdeckt, ist praktisch eben.

Deshalb ist ein flächenkleines Land wie Vorarlberg bei dieser PISA-Aufgabe unbedingt einem großen Kontinent, wie es die Antarktis ist, vorzuziehen. Wiewohl, dies sei den Einheimischen Vorarlbergs zur Ehrenrettung mitgeteilt: So klein, wie ihr Bundesland auf der Karte aufscheint, ist es gar nicht. Dies liegt daran, dass man den Begriff des Flächeninhalts in mehrfacher Weise verstehen kann.

Der Flächeninhalt von Vorarlberg, der im Sinne der PISA-Aufgabe geschätzt wurde, entspricht dem Flächeninhalt des waagrechten Teils eines riesig gedachten Tischtuchs, das man über einen Tisch von der Form Vorarlbergs legt und über alle Windrichtungen hinweg gleichmäßig nach unten spannt. Aber niemand verlangt, dass sich dieses Tischtuch möglichst glatt über Vorarlberg erstreckt. Man könnte es auch lose über den „Vorarlberger Tisch" legen und es in jedes der vielen Täler des von Gebirgen durchzogenen Landes hineindrücken. Dann ist es zwar von Falten übersät, aber beansprucht dafür eine ungleich größere Fläche zur Überdeckung. Treibt man den Gedanken bis an die Spitze, würde man gleichsam jeden Baum dieses waldreichen Landes mit dem Tischtuch Ast für Ast, Zweig für Zweig, Blatt für Blatt ummanteln, braucht man dafür ein Tuch, das sogar größer ist als jenes, das die Fläche der Antarktis überdeckt. So gesehen ist der Flächeninhalt des kleinen Vorarlberg so unfassbar groß, dass er sich durch keine Angabe von Quadratkilometern beschreiben lässt.

Angenommen, eine Kandidatin oder ein Kandidat hegt Gedanken in dieser Weise und kommt zum Schluss, dass es gar keinen sinnvollen Flächeninhalt von Vorarlberg gibt: Wie würde wohl die Bewertung dieser höchst originellen Lösung durch die PISA-Kontrolleure ausfallen?

Es gibt historische Beispiele, wie Testaufgaben mathematischen Ausnahmetalenten ungewollt Schaden zufügten.

Ein besonders tragischer Fall ist jener des Wunderkinds Évariste Galois, der im zarten Alter von 14 Jahren die damals aktuellsten Forschungsergebnisse der besten Gelehrten seiner Zeit über komplizierteste Gleichungen und deren Lösungen studierte. Als Galois 1828, erst sechzehnjährig, an der École Polytechnique, der renommiertesten Hochschule Frankreichs, um Aufnahme ansuchte, musste er sich den sehr formal gehaltenen Prüfungen unterziehen. Die Testaufgaben fand er offenbar so lächerlich, dass er sie nur mit ganz knapp verfassten Antworten versah. Auf die Frage der Professoren, wie er denn zu den Lösungen der gestellten Probleme gekommen sei, erwiderte er nichts. Ihm kam das alles viel zu einfältig vor. Das kam bei den Prüfern gar nicht gut an. Galois wurde die Aufnahme verweigert.

Auch in der École Normale, einer Art Vorbereitungsschule für die École Polytechnique, unterwarf sich Galois, der bereits selbständige Forschungsarbeiten verfasst hatte, nicht dem strengen Reglement. „Dieser Schüler", so stand im Beurteilungsbogen, „ist zwar intelligent und besitzt einen bemerkenswerten Forschungsdrang, aber was er schreibt, ist oft unklar, geradezu obskur."

Noch einmal bemühte sich Galois um die Aufnahme an der École Polytechnique. Noch einmal verblüffte er die Prüfer mit seinen Gedankensprüngen, die er nicht weiter erläutern wollte und deren Genialität niemand von der Prüfungskommission erkannte. Noch einmal versagte man ihm die Zulassung.

Weitere tragische Umstände führten schließlich dazu, dass sich Galois von der Mathematik abwandte und als glühender Republikaner zum politischen Agitator wurde. Von seinen Gegnern provoziert und aus einem nichtigen Anlass zu einem Duell gefordert, starb der Zwanzigjährige qualvoll an den Folgen eines Schusses in den Bauch. In der Nacht vor dem Duell hatte er noch im seinem Testament die später nach ihm benannte Theorie skizziert und seinen Freund Auguste Chevalier gebeten, seine Manuskripte den namhaftesten Mathematikern zu übergeben. Erst zehn Jahre nach seinem Tod erkannte Joseph Liouville die Bedeutung dieser Schriften.

Eine dürftige Testaufgabe

Es ist klar, dass standardisierte Tests nicht für Wunderkinder erstellt werden. Man erwartet von den Tests auch nicht, dass sie auf Ausnahmetalente aufmerksam machen. Die erkennt man in der persönlichen Begegnung. Die Tests sind für den Durchschnitt konzipiert. Und das ist gut so.

Jedenfalls dann, wenn die Testaufgaben gut sind. Was man beim nachfolgenden Beispiel aus mehreren Gründen bezweifeln darf:

Diese PISA-Aufgabe trägt den Titel *Tischler*. Sie lautet – und diesmal ist der Text wortgetreu wiedergegeben – so: „Ein Tischler hat 32 Laufmeter Holz und will damit ein Gartenbeet umranden. Er überlegt sich die folgenden Entwürfe für das Gartenbeet:"
Nach der Skizze der vier mit A, B, C, D bezeichneten Entwürfe fordert PISA auf, jene Entwürfe anzukreuzen, mit denen „das Gartenbeet mit 32 Laufmetern Holz hergestellt werden" kann. [Siehe Abb. 14]

Schon bei der Frage wird man stutzig. Das Beet wird doch nicht mit Holz „hergestellt". Es wird bestenfalls mit den aus den 32 Laufmetern Holz geschnittenen Brettern

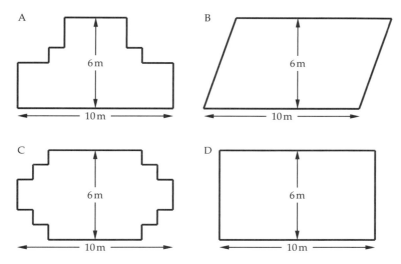

Abb. 14: Entwürfe des Tischlers der Gartenbeete.

begrenzt. Doch zugegeben: Das ist Beckmesserei. Im Grunde ist verständlich, was mit der Frage gemeint ist.

Kurioser wird es, wenn man sich lebhaft vorstellt, wie sich der Tischler die hier skizzierten Entwürfe für das Gartenbeet „überlegt": Sofort tauchen Fragen auf wie diese: Weshalb überlegt sich der Tischler die Entwürfe für das Gartenbeet und nicht der Gärtner oder der Besitzer des Grundes, auf dem das Beet abgesteckt werden soll? Wie kommt man überhaupt zu der kruden Vorstellung, ein Beet nach den in A, B oder C erstellten Formen begrenzen zu wollen und nicht, wie überall auf der Welt, als simples Rechteck, so wie es in D abgebildet ist? Gibt es Umstände, die solche absurden Formen erzwingen? Und wenn es diese gibt, warum hat der Tischler dann noch die Freiheit, zwischen solchen Formen eine Wahl zu treffen?

All diese Fragen und noch andere vor Augen, entsteht ein natürlicher Widerwille, die Aufgabe überhaupt ernst zu nehmen. Wenn jemand ablehnt, sich mit dieser Aufgabe zu beschäftigen, ist das nur allzu verständlich. Denn das Beispiel ist, so formuliert, schlicht ohne Sinn und Verstand.

Noch schlimmer ist es, wenn man bedenkt, dass die Ersteller der Aufgabe nur eine einzige Lösung als richtig anerkennen. Nämlich jene, dass nur die mit dem Buchstaben B bezeichnete Form des Feldes mehr als 32 Laufmeter Holz benötigt. Aber in der Praxis stimmt das sicher nicht. Selbst beim mit dem Buchstaben D bezeichneten Rechteck wird man nur mit Mühe mit 32 Laufmeter Holz das Auslangen finden, weil ein Verschnitt unweigerlich auftritt. Und bei den mit den Buchstaben A und C bezeichneten Formen ist der Verschnitt mit Sicherheit so groß, dass 32 Laufmeter Holz nicht reichen werden.

Wer so denkt, wird von den PISA-Kontrolleuren bestraft, denn dieser Gedanke ist von den Erstellern des Beispiels nicht vorgesehen. Natürlich ist das nicht so tragisch wie einst bei Évariste Galois, aber ärgerlich ist es trotzdem.

Der Unsinn entsteht, weil die Ersteller des PISA-Beispiels diese Aufgabe zwanghaft als Beweis dafür präsentieren wollten, dass man Mathematik fürs Leben braucht. Schon die groteske Überschrift *Tischler* spricht Bände. Es stimmt, dass man Mathematik fürs Leben braucht. Aber anders, als es das Beispiel *Tischler* zu lehren vorgibt.

Dabei ist die in der Aufgabe *Tischler* gestellte Frage, von der Einkleidung mit Garten, Holz und Handwerker befreit, sehr sinnvoll. Würde bei der gleichen Skizze das PISA-Beispiel lauten: „Welche der drei mit A, B, C bezeichneten Flächen besitzt den gleichen Umfang wie das mit D bezeichnete Rechteck?", so wäre alles in Ordnung. Es handelte sich sogar um ein sehr gutes und lehrreiches Exempel. Es war wohl die Angst der Ersteller der PISA-Aufgaben, man könnte ihnen vorhalten, Mathematik ohne Anwendungsbezug zu testen, die sie daran hinderte, eine so klare und verständliche Frage an die Kinder zu richten.

Allein dieses einfache Beispiel zeigt: Es ist sehr heikel zu entscheiden, welche Gebiete der Mathematik bei Aufgaben für standardisierte Tests herangezogen werden sollen, in welchem Ausmaß in die gewählten Gebiete eingedrungen werden soll. Vor allem ist es schwer, die geeigneten Rahmen für die Aufgaben so zu finden, dass in den Tests wirklich jene Mathematik angesprochen wird, die man augenscheinlich fürs Leben braucht.

Was getestet werden kann und soll

Das zweite und das vierte Kapitel dieses Buches enthalten Andeutungen – nicht mehr! –, wo Mathematik im Leben eine Rolle spielt. Tatsächlich durchdringt sie unsere moderne Welt weitaus intensiver, als es diese Andeutungen vermitteln. Aber einige Schlüsse kann man daraus ziehen, welche Bereiche der Mathematik in der Schule zu lernen wichtig sind:

Erstens das Rechnen selbst: Nicht jenes, das die Maschinen viel schneller, viel umfangreicher, viel müheloser beherrschen als Menschen. Niemand braucht mehr zwölf Posten von jeweils dreistelligen Eurobeträgen, noch dazu in Cent unterteilt, zu addieren. Niemand braucht sich mehr der Mühe zu unterwerfen, eine vier- mit einer fünfstelligen Zahl zu multiplizieren, gar eine drei- durch eine siebenstellige Zahl zu dividieren und dabei mit allen Finessen des Rechnens mit Komma und Dezimalstellen wie im Schlaf umgehen zu können. Wohl aber ist das Rechnen so weit zu beherrschen, dass man Größenordnungen abzuschätzen versteht, dass man einfache Überschlagsrechnungen problemlos bewältigen kann. Hierfür ist eine Vertrautheit mit Zahlen unverzichtbar. Sie mag etwas anders gestaltet sein als jene, die man vor 50 Jahren beim mechanischen Rechnen erwarb. Aber sie ist deshalb nicht geringer – und auch sie kann nur durch Üben erworben werden.

Zweitens das Sich-zu-eigen-Machen des Addierens, Subtrahierens, Multiplizierens anhand einfacher und zugleich elementarer Bilder: Die Addition geht mit einer Anhäufung einher, die Subtraktion entspringt dem Bedürfnis zu vergleichen. Beides ist so anspruchslos und urtümlich, dass sich Pythagoras, der Erfinder der Mathematik, nicht eingehend damit beschäftigen wollte. Erst die Multiplikation interessierte ihn, der Zahlen stets bildhaft sah, wirklich. Denn sie ist nicht bloß die wiederholte Anhäufung des Gleichen, sie wird vorrangig vom Rechteck symbolisiert, dessen Flächeninhalt sich aus ihr ergibt. Die Maße von Rechtecken und Dreiecken, von Quadern und Pyramiden erfassen zu können, bildet das Gerüst, auf dem die Geometrie errichtet ist. Dass Multiplikationen und Divisionen überdies beim betriebswirtschaftlichen Rechnen das Um und Auf bilden, kommt bereichernd hinzu.

Drittens das Dividieren, die Brüche, die Verhältnisse, in der Fachsprache Proportionen genannt – es sind dies mannigfache Aspekte von Ein- und Demselben. Es kommt in Schlussrechnungen genauso vor wie im Hebelgesetz des Archimedes. Und der Sinus, den er bei der schiefen Ebene zu seinen Berechnungen heranzog, ist ebenfalls nichts anderes als ein Verhältnis. Man muss sowohl lernen, in Proportionen denken zu können, als auch die grundlegenden Rechentechniken zu verstehen und zu beherrschen, die damit verbunden sind: das Rechnen mit Brüchen. Nicht ohne Hintersinn schrieb Goethe in seinen Entwürfen, Skizzen und Vorarbeiten zu *Faust* das kluge Wort: „Und merk dir ein für allemal den wichtigsten von allen Sprüchen: Es liegt dir kein Geheimnis in der Zahl, allein ein großes in den Brüchen." Dieses Geheimnis besteht nicht allein in der Fertigkeit des Bruchrechnens, die über die Fertigkeit, mit ganzen Zahlen zu rechnen, hinausgeht, sondern auch in der Vielfalt, in der uns Brüche maskiert begegnen.

Hebelgesetz und Sinus wurden bereits erwähnt. Davon ausgehend sind die Dreiecksgeometrie und in der Folge die Vermessung der Welt auf der einen Seite und die Erfassung subtiler geometrischer Figuren auf der anderen Seite von Proportionen, also von Brüchen durchzogen. Wenn Newton lehrt, dass die Schwerkraft proportional mit dem Quadrat des Abstandes vom Erdmittelpunkt abnimmt, schreibt man dies mit Brüchen an. Das Gleiche ist der Fall, wenn Émilie du Châtelet erklärt, dass die kinetische Energie proportional zum Quadrat der Geschwindigkeit wächst. Und diese Einsicht ist fürs praktische Leben wichtig. Denn nur so kann man verstehen, warum beim Autofahren zur Berechnung des Bremswegs (in Meter) das Zehntel der Geschwindigkeit (in Kilometer pro Stunde) mit sich multipliziert, also quadriert wird. Ebenso wichtig ist es zu begreifen, worauf das sogenannte exponentielle Wachstum beruht: Zum Beispiel ist der Zuwachs eines Kapitals proportional zum bereits vorhandenen Kapital. So ist die Rechnung mit Zinseszinsen eine Form der Bruchrechnung – allerdings mit explosiver Wirkung. Schließlich ist das Rechnen mit Prozenten eigentlich eine Bruchrechnung, ein Erfassen von Gegebenheiten in Proportionen.

Viertens, und dies wurde am Ende des vorigen Kapitels nur vage angesprochen, das Rechnen mit Unbekannten. Nicht allein mit Unbekannten, die in Gleichungen auftreten und bei denen ein paar Umformungen genügen, um sie von ihrem Unbekannt-Sein zu erlösen. Sondern auch von jenen Unbekannten, die erst in Zukunft ihr Unbekannt-Sein verlieren, aber denen man sich gegenwärtig mit dem Begriff der Wahrscheinlichkeit mathematisch nähern kann. Wie ein Würfel fällt, ist unbekannt. Bekannt ist aber, dass er mit der Wahrscheinlichkeit von eins zu sechs auf eine bestimmte Augenzahl fällt. In welches Fach die Roulettekugel rollt, ist unbekannt. Bekannt ist aber, dass sie mit der Wahrscheinlichkeit von eins zu 37 auf Zero fällt und mit der Wahrscheinlichkeit von 18 zu 37 auf Rouge. Auch beim Rechnen mit unbekannten Ereignissen dieser Art ist die Fertigkeit im Bruchrechnen gefordert. Hinzu tritt ferner grundsätzliches Verstehen von Begriffen wie Zufall und Wahrscheinlichkeit, Unabhängigkeit von Ereignissen und Statistik.

Es gilt, Testaufgaben altersgemäß im Sinne dieser Auflistung zu erstellen. Zumeist meinen die Didaktiker, so viel Erfahrung und Wissen über das Erstellen von standardisierten Tests erworben zu haben, dass sie darin die maßgebenden Experten sind. Dieser Glaube sei ihnen unbenommen, allerdings wäre es sicher besser, andere bei der Auswahl von geeigneten Aufgaben heranzuziehen: Einerseits die Praktiker des Unterrichts, erfahrene Lehrerinnen und Lehrer, die im jahrelangen Unterrichten wissen, wie Kinder am besten angesprochen werden und was man von ihnen realistisch erwarten darf. Andererseits Vertreter von öffentlichen Institutionen, die an mathematisch gut ausgebildeten Absolventinnen und Absolventen interessiert sind. Es sind dies Institutionen wie Gewerkschaft und Industriellenvereinigung, Wirtschafts- und Arbeiterkammer, Berufsschulen und Hochschulen. Denn Personen aus der Welt der Wirtschaft, der Forschung und der Entwicklung wissen am besten, welche mathematischen Schulkenntnisse erforderlich sind, will man im Wettbewerb der besten Köpfe bestehen. Die Einbindung schulferner, dafür der Praxis eng verbundener und über die wirtschaftlichen Erfordernisse des Landes gut Bescheid wissender Personen wäre ein außerordentlich wichtiges Korrektiv.

Der teilzentrale Test als Königsweg

Vor allem aber sollte man keine Scheu davor entwickeln, nur sehr einfache, wirklich unmittelbar zugängliche, mühelos zu bewältigende Aufgaben als Testbeispiele zu geben, die völlig frei von unerwarteten Schwierigkeiten, gar von unfairen Fußangeln sind. Keineswegs darf man Proteste ernst nehmen, die darüber klagen, die Beispiele seien im Vergleich zu früheren Zeiten, als man noch viel von den Kindern verlangt hatte, zu leicht. Solche Einwände kommen sehr oft von sogenannten Bildungsbürgern, die besonders stolz auf ihr vermeintliches Können sind, das sie sich qualvoll vor Jahrzehnten eingetrichtert hatten.

In einem allerdings haben diejenigen Recht, die solchen Einspruch äußern: Würde der Unterricht in Mathematik sich allein auf die Vorbereitung zur Bewältigung der standardisierten Tests beschränken, versündigte er sich an der Mathematik.

Angesichts der beiden in diesem Kapitel vorgestellten Beispiele bleibt zu bezweifeln, ob man mit standardisierten Tests den Stein der Weisen gefunden hat. Sicher wäre es selbst bei schriftlichen Prüfungen sinnvoller, die zentral gestellte Testbeispiele mit Aufgaben zu ergänzen, die von der Hand der in der Klasse unterrichtenden Lehrerin oder des in der Klasse unterrichtenden Lehrers stammen.

Im Idealfall würde die eine Hälfte der schriftlichen Abschlussprüfung aus sehr einfachen Standardaufgaben bestehen, erstellt von Fachleuten sowie von Praktikern des Unterrichts und der Wirtschaft, die zentral vom Ministerium allen Kandidatinnen und Kandidaten des betreffenden Jahrgangs gestellt werden. Diese Hälfte der Beispiele zeigt, dass die wesentlichen und für die zukünftige berufliche Laufbahn wichtigen Lehrinhalte beherrscht werden. Die andere Hälfte würde sich aus Beispielen zusammensetzen, welche die Lehrerin oder der Lehrer in Eigenverantwortung stellt und mithilfe derer dokumentiert ist, welche weiteren interessanten Lehrinhalte unterrichtet wurden. Die erste Hälfte, bestehend aus den zentral gestellten Aufgaben, sollte selbstverständlich auch zentral von einer außerhalb der Schule arbeitenden Kommission kontrolliert werden. Und nur wenn die Beispiele dieser ersten Hälfte hinreichend gut gelöst wurden, ist überhaupt an die Korrektur der zweiten Hälfte der in Eigenverantwortung erstellten Beispiele durch die unterrichtende Person zu denken, welche die von ihr geprüften Kinder kennt.

So würden sich die Grundfertigkeiten des Rechnens, deren Beherrschung von allen erwartet wird, mit manch anderen Zielen des Unterrichts viel stimmiger kombinieren lassen. Aber selbst diese Mischform einer teilzentralen Testung entgeht nicht dem Einspruch derer, die mehr vom Unterricht der Mathematik in der Schule erwarten.

Zu Beginn des Kapitels wurde die Frage gestellt, wie viel Mathematik alle lernen sollen, die in die Schule gehen: So viel, um die auf sie zukommenden Tests positiv zu bestehen, war darauf die Antwort.

Der erste Grund, warum diese Antwort nicht befriedigt, wurde in diesem Kapitel ausführlich erörtert.

Der zweite Grund lautet, dass Mathematik so viel zu bieten hat und auch in der Schule so viel bieten sollte, das sich einem formalen Test grundsätzlich widersetzt. Im zweiten und im vierten Kapitel des Buches wurde „Mathematik für das Leben" in Geschichten und Erzählungen verpackt. Es wäre Unsinn, hieraus zentral zu stellende Testfragen zu schmieden. Der Lehrstoff, der allein auf die Tests zugeschnitten ist, braucht zudem diese Ummantelung nicht. Trotzdem ist sie lehrreich. Wesentliches ginge verloren, würde man nur auf das Skelett der Rechnungen das Augenmerk legen. Aber nicht die formale Prüfung, sondern das persönliche Gespräch erlauben festzustellen, wie viel von diesen Geschichten und Erzählungen Resonanz bei jenen findet, die sie hören.

Auch die nachfolgenden Kapitel dieses Buches werden Belege für diesen zweiten Grund liefern.

Nicht im formalen Test, sondern nur im individuellen Gedankenaustausch kann man erkennen, ob Mathematik verstanden wurde.

VI

WARUM IST MINUS MAL MINUS PLUS
UND ANDERE DUMME FRAGEN

Selbst Zählen will gelernt sein

Wer von Mathematik begeistert ist, versteht nicht, dass viele Menschen Mathematik überhaupt nicht mögen, manche sogar einen abgrundtiefen Widerwillen gegen sie entwickeln. Oft war es ein Schlüsselerlebnis, eine vertrackte Unklarheit, die sich nicht beseitigen ließ und im Auge des Betrachters das Gebäude dieser Wissenschaft ins Wanken brachte. Plötzlich kippte die zuvor gehegte Sympathie zu einer Gleichgültigkeit, ja zu einer Aversion.

Denn am Anfang mögen alle Mathematik.

Kleine Kinder sind begeistert, wenn sie das Zählen lernen. Zu Beginn zählen sie Dinge, die sie vor Augen haben: Die Teller auf dem Tisch. Die Bausteinklötze auf dem Boden. Die Stufen, die sie hinaufgehen. Und wenn sie die gleiche Treppe hinuntergehen, sind es gleich viele Stufen wie zuvor. Sie erkennen, dass manche Dinge in der Welt so konstant zu sein scheinen, wie es die Zahlen sind.

Dann aber zählen Kinder, ohne dass etwas vorhanden ist, das gezählt werden will. Sie vollziehen es wie ein Ritual. Und gelangen dabei bald zu großen Zahlen. Für die Eltern ist es anfangs ein Quell der Freude, dann ein wenig ermüdend, wenn sie es immer und immer wieder hören: „…, 64, 65, 66,

67, …" Doch irgendwann kommt mit „…, 97, 98, 99, 100"
die Erlösung. Bei 100 hört das Zählen auf. Aber plötzlich
begreift das Kind: Mit 100 ist noch lange nicht Schluss.
Und es gibt Kinder, die geradezu leidenschaftlich weiterzählen:
„101, 102, 103, 104, …" – bis sie erschöpft sind oder von etwas
Interessantem abgelenkt werden.

Doch zugleich entsteht beim Zählen ein Problem,
das Verwirrung hervorruft und einigen einen Samen des
Widerwillens gegen Mathematik ins Gemüt legt: Historisch verbürgt ist dieses Problem, als Julius Caesar den
nach ihm benannten Kalender im Römischen Reich ein-
führte. Er verlangte, dass jedes vierte Jahr ein Schaltjahr
sein soll, das nicht aus 365, sondern aus 366 Tagen besteht.
Nach Caesars gewaltsamen Tod im Jahr 44 v. Chr. waren die
Priester, die für die Jahreszählung verantwortlich zeichneten, überzeugt, sie müssten in folgender Weise zählen: Das
diesjährige Schaltjahr ist das erste Jahr, danach kommen ein
zweites und ein drittes Jahr, die Normaljahre mit 365 Tagen
sind, und das vierte Jahr ist dann wieder, wie es der göttli-
che Caesar wollte, ein Schaltjahr. Mit dieser Zählung folgten
somit auf ein Schaltjahr zwei Normaljahre und dann wieder
ein Schaltjahr. Erst Kaiser Augustus, der Großneffe Caesars,
verstand das Dekret seines Großonkels so, wie wir es heute
handhaben: Auf ein Schaltjahr haben drei Normaljahre als
erstes, zweites, drittes Jahr zu folgen und erst dann kommt
als viertes Jahr wieder ein Schaltjahr zum Zug.

Das gleiche Wirrwarr kennt man aus der Musik: Die
Quart ist zum Beispiel das Intervall, bei dem zusammen mit
dem Grundton der vierte Ton der Ganztonleiter erklingt:
Der Grundton, zum Beispiel C, gilt aus der Sicht der Musik
als erster Ton, die zweite und die dritte weiße Klaviertaste

nach C, also D und E, erklingen nicht, aber die vierte weiße Taste nach C, der Ton F wird zusammen mit C als Quart C-F gespielt. Aus der Sicht der Mathematik hingegen wären D, E, F die ersten drei nach C folgenden weißen Tasten und die vierte weiße Taste wäre der Ton G. Aber in der Musik ist C-F eine Quart (vom lateinischen quarta, die Vierte) und C-G, jenes Intervall, das aus vier Schritten von einer weißen Taste zur nächsten besteht, trotzdem eine Quint (vom lateinischen quinta, die Fünfte).

Die Quelle dieser Konfusion besitzt sogar einen Namen: Es heißt das Zaunpfahlproblem. Denn es taucht bei der folgenden Schulaufgabe auf: „Ein Zaun besteht aus elf je zehn Zentimeter dicken Pfählen, die so in den Grund geschlagen sind, dass sie stets Lücken von je 40 Zentimeter lassen. Wie lang ist der Zaun von seinem Anfang bis zu seinem Ende?"

Bei der Lösung des Problems ist zu beachten, dass man zwar elf Zaunpfähle, aber nur zehn Lücken zwischen den Pfählen hat. Man hat elf mal zehn Zentimeter zu zehn mal 40 Zentimeter zu addieren und bekommt 510 Zentimeter als Lösung. Man hat also, allgemeiner gesprochen, zwischen der Anzahl der Markierungen und der Anzahl der Schritte von einer Markierung bis zur nächsten zu unterscheiden.

Vor allem im Zusammenhang mit Zeitangaben ist man immer wieder damit konfrontiert: Ein jüdischer Bub wird am achten Tag nach seiner Geburt beschnitten. Wird er zum Beispiel an einem Dienstag geboren, ist der Dienstag der darauffolgenden Woche der Tag der Beschneidung. Denn der Tag der Geburt gilt als erster Tag. Jesus ist nach seinem Tod am Kreuz am dritten Tage auferstanden. Der Kreuzestod Jesu ereignete sich am Karfreitag und schon zwei Tage später, am Ostersonntag (der nach alter jüdischer Tradition mit Sonnenuntergang des Vortags beginnt, also schon in der Nacht von Karsamstag auf Ostersonntag) feiert man die Auferstehung Christi.

Aber nicht nur in der Geschichte, auch bei aktuellen Aufgaben verstört das Zaunpfahlproblem: Vor allem beim Programmieren einer sogenannten Schleife hat man peinlich darauf zu achten, dass die Zahl der Rechenvorgänge, die man pro Schleife durchführt, um eins größer ist als die Zahl der Schleifen, die man der Maschine im Programm vorschreibt. Sonst begeht man einen sogenannten Zaunpfahlfehler, der im Englischen Off-by-one-Error heißt.

Selbst so etwas Einfaches wie das Zählen will gekonnt sein.

Das diabolische Minuszeichen

Fehler vermeidet man am besten dadurch, dass man die möglichen Quellen ortet, aus denen sie entspringen. Die Unlust, sich mit Mathematik zu beschäftigen, rührt bei den meisten Menschen daher, dass sie sich davor fürchten, Fehler zu begehen, von deren Herkunft sie keine Ahnung haben. Und sie scheuen sich davor, nach dieser Herkunft zu fragen, weil sie meinen, sich dadurch zu blamieren. Dabei ist die Frage nach der Fehlerquelle die wichtigste und interessanteste aller Fragen. Denn es ist keine Schande, Fehler zu begehen, solange man diese als solche sofort erkennt, wenn man auf sie aufmerksam gemacht wird. „Oh, natürlich, wie konnte ich nur!", ist die natürliche Reaktion, wenn man auf einen Fehler hingewiesen wird, der einem aus Nachlässigkeit oder in der Hitze des Gefechts unterlaufen ist. Und den zu korrigieren keine Schwierigkeit darstellt, weil man ja im Grunde weiß, woher der Fehler stammt und wie die Rechnung richtig lauten muss. Sollte es sich nicht um heikle Aufträge handeln, bei denen der kleinste Flüchtigkeitsfehler fatal wäre, ist es im Grunde unsinnig, solche Fehler überhaupt zu ahnden. Es gilt der Grundsatz:

Es kommt nicht darauf an, Fehler, die andere begehen, unangemessen zu rügen, sondern Fehlern, die man selbst begeht, auf den Grund zu gehen und sie tilgen zu lernen.

Eine der häufigsten Fehlerquellen in der Mathematik ist in der durch ihr Raffinement für Routiniers bestechenden, für Anfänger und Ungeübte aber zuweilen nicht leicht zu durchschauenden Bezeichnung und Namensgebung zu finden. Das weitaus heimtückischste Symbol ist in diesem Zusammenhang das Minuszeichen. Es besitzt, obwohl immer als harmloser Querstrich geschrieben, eine Fülle von Bedeutungen:

Ursprünglich steht das Minuszeichen für die Subtraktion. Von einer Zahl, zum Beispiel von zwölf, wird eine kleinere Zahl, zum Beispiel sieben, abgezogen. Man schreibt 12 − 7 und erhält als Ergebnis fünf. Dies ist sehr einfach und einsichtig. Und es ist klar, dass man nie eine größere von einer kleineren Zahl abziehen kann. Innerhalb der Zahlen 1, 2, 3, …, die aus dem Zählen hervorkommen und die man in der Fachterminologie die „natürlichen Zahlen" nennt, ergibt das keinen Sinn.

Doch der aufkommende Handel in den ersten Hochkulturen der Menschheit und in der Antike erforderte eine neue Deutung des Minuszeichens. Wer zwölf Gulden in seiner Kassa und sieben Gulden Außenstände hat, besitzt netto fünf Gulden Guthaben. Wer hingegen nur sieben Gulden in seiner Kassa und zwölf Gulden auf dem Kerbholz hat, fristet mit netto fünf Gulden Schulden sein Leben. Man kann bei dem erstgenannten Reichen 12 − 7 als seine Bilanz von Haben und Soll anschreiben, während bei dem zweitgenannten Armen die Bilanz von Haben und Soll 7 − 12 lautet. So gedeutet ist das Minuszeichen keine Aufforderung, etwas auszurechnen, sondern nur ein Symbol, das Haben und Soll voneinander trennt.

Im nächsten Schritt, der historisch vergleichsweise jung ist und erst im 16. Jahrhundert Eingang in der Buchführung fand, fühlte man sich bemüßigt, das Minuszeichen nicht nur als Trennsymbol zwischen Haben und Soll, sondern auch als Subtraktionszeichen zu verstehen. Diesmal aber mit einer erweiterten Subtraktion, bei der beliebige Zahlen voneinander abgezogen werden können, nicht nur eine kleinere von einer größeren. Natürlich soll bei einer Subtraktion wie 12 − 7 das Ergebnis 5 lauten. Wenn man hingegen eine größere von einer kleineren Zahl abzieht, wie dies zum Beispiel bei 7 − 12 angeschrieben ist, rechnet man im Kopf zuerst die Subtraktion mit vertauschten Rollen aus, also in unserem Beispiel 12 − 7 = 5, und schreibt danach vor das erhaltene Ergebnis 5 ein Vorzeichen, das diese Zahl zur negativen Zahl, gleichsam zur Zahl der Schulden stempelt. Es mag den Erfinder dieses Vorzeichens der Teufel geritten haben, als er dieses genauso als Minuszeichen schrieb wie das Minuszeichen der Subtraktion. Wenn man daher 7 − 12 = −5 schreibt, ist das Minuszeichen, das die Zahlen 7 und 12 voneinander trennt, das Zeichen der erweiterten Subtraktion. Es bezeichnet eine Rechenvorschrift mit zwei Zahlen, dem Haben 7 und dem Soll 12 als Angaben. Das Minuszeichen vor 5 hingegen ist ein Vorzeichen. Es verwandelt die Zahl 5, die für ein Guthaben steht, in eine Zahl 5, die für eine Schuld steht.

Doch das ist erst der Anfang. In einem weiteren Schritt verselbständigte sich gleichsam das Minuszeichen als Vorzeichen zu einem Minuszeichen als Operationszeichen: Mit dem Minuszeichen wird aus dem Haben ein Soll und aus dem Soll ein Haben. Mit anderen Worten: Setzt man vor einer Bilanz wie zum Beispiel 12 − 7 ein Minuszeichen, tauschen die Zahl des Guthabens und die Zahl der Schuld ihre Plätze. Man schreibt dafür symbolisch −(12 − 7) und meint damit 7 − 12, also −5. Genauso bedeutet −(7 − 12) das Gleiche wie 12 − 7, folglich 5. Da wir aber bereits wissen, dass 7 − 12 = −5 ist, bekommen wir so das Ergebnis − (−5) = 5. Hierbei sind die beiden Minuszeichen genau genommen strikt voneinander zu unterscheiden: Das rechte direkt bei 5 stehende Minuszeichen ist das Vorzeichen, das die Zahl 5 in die negative Zahl −5 verwandelt. Und das links vor der Klammer stehende Minuszeichen ist kein Vorzeichen, sondern ein Operationszeichen, das die Bedeutungen von Haben und Soll austauscht.

Und selbst das ist noch nicht alles. Denn jetzt will man wieder das Minuszeichen als Zeichen für die Subtraktion verstehen, wobei nun nicht nur die Zahlen 1, 2, 3, 4, 5, …, sondern auch 0 und die negativen Zahlen −1, −2, −3, −4, −5, … in beliebiger Weise voneinander abgezogen werden können. So kommt es zu Rechnungen wie (−7) − 12 = −19 oder (−7) − (−12) = 5 oder 7 − (−12) = 19.

Der verwirrenden Bedeutungsvielfalt des Minuszeichens ist sich jemand, der im unermüdlichen Training mit allen Facetten dieses Symbols spielt, kaum mehr bewusst. Es ist wie beim Autofahren: Vor jedem Blinken blickt man in den Rückspiegel, man ist sich gar nicht mehr bewusst, wie automatisch man es tut. Wobei es beim Autofahren schlimm enden kann, wenn man einmal der eintrainierten Folge von Handgriffen und Pedalbewegungen zuwiderhandelt. Wenn hingegen bei einer Rechnung in der Schule ein Vorzeichenfehler passiert, ist dies nicht weiter schlimm. Und wenn man weiß, an welcher Stelle einem dieser „dumme Fehler" mit einem Minuszeichen unterlaufen ist und wie die Rechnung verbessert lautet, ist dies eher zu belobigen als zu bestrafen.

Minus mal minus

Oft sind es ganz einfach klingende, sogenannte „dumme" Fragen, die man als Kind dem Lehrer stellt und die einen enttäuscht zurücklassen, weil er sie nicht befriedigend beantworten konnte. Kleine Stolpersteine wie diese verderben einem schnell die Freude an der Mathematik. Was schade ist.

So wird gerne gefragt, wie man sich die Regel vorzustellen habe, wonach „minus mal minus plus" ergibt. Natürlich, wie positive Zahlen miteinander multipliziert werden, habe man begriffen. Und dass „plus mal minus oder minus mal plus wieder minus" ergäbe, verstehe man auch, weil eine Schuld mit einer positiven Zahl multipliziert, diese Schuld vervielfacht, aber als Schuld beibehält. Nur bei der Regel „minus mal minus ist plus" versage die Vorstellungskraft.

Allerdings ist zu bedenken, dass die negativen Zahlen und das unbeschränkte Subtrahieren nur in geeigneten Zusammenhängen, am besten in dem oben erläuterten Modell der Bilanz von Haben und Soll, mit anschaulicher Vorstellung verbunden ist. Sonst ist schon die Subtraktion einer größeren Zahl von einer kleineren buchstäblich unvorstellbar. Frei nach der skurril klingenden Rechnung: „Wenn aus einem Autobus, in dem sieben Personen sitzen, zwölf aussteigen, müssen fünf danach einsteigen, damit der Bus leer ist."

Wer zustimmt, dass die Multiplikation einer Bilanz von Haben und Soll, wie zum Beispiel $12 - 7$, mit -1 das Gleiche bewirkt wie das Operationszeichen Minus, das man vor sie stellt, kommt der Erklärung für „minus mal minus ist plus" bereits nahe. Denn $(-1)·(12 - 7)$, also $(-1)·5$ bedeutet das Gleiche wie $-(12 - 7) = 7 - 12 = -5$, so wie es sein soll. Demgemäß bedeutet $(-1)·(7 - 12)$, also $(-1)·(-5)$ das Gleiche wie $-(7 - 12) = 12 - 7 = 5$. Jetzt ist es nur konsequent, dass zum Beispiel $(-4)·(-5)$, das man als $4·(-1)·(-5)$ schreiben kann, zum Ergebnis $4·5 = 20$ führt. Schon hat man ein typisches Beispiel für die Rechenregel „minus mal minus ist plus" vor Augen.

Wem diese Erklärung nicht genügt, dem kann die Geometrie weiterhelfen. Man kann nämlich die Multiplikation nicht nur als eine arithmetische, also auf dem Rechnen mit Zahlen beruhende, sondern auch als eine geometrische Operation begreifen. Zu diesem Zweck zeigen wir, wie man die Rechnung $2·3 = 6$ zeichnet:

Auf einer waagrechten Skala trägt man die negativen ganzen Zahlen, 0 und die positiven ganzen Zahlen wie Perlen auf einer Schnur als Punkte so ein, dass diese voneinander immer den gleichen Abstand haben. Alle ganzen Zahlen finden natürlich auf dem beschränkten Papier nicht Platz. Es genügt uns, wenn wir die Zahlen $-6, -5, -4, -3, -2, -1, 0, 1, 2, 3, 4, 5, 6$ unterbringen. Wäre das Zeichenblatt größer, könnte man die Skala für mehr Zahlen verlängern.

Nun zeichnen wir durch den Punkt der Zahl 0 eine genauso skalierte senkrechte Gerade, die den Punkt 0 mit

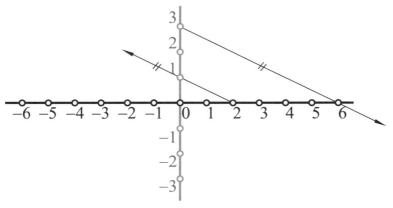

Abb. 15: Geometrische Deutung der Multiplikation 2·3 = 6.

der waagrechten Geraden gemeinsam hat. Nach oben sind die positiven ganzen Zahlen 1, 2, 3, ... und nach unten die negativen ganzen Zahlen −1, −2, −3, ... eingetragen.

Die Rechnung 2·3 führt man geometrisch nun so durch: Den auf der waagrechten Skala liegenden Punkt des ersten Faktors, also den dort befindlichen Punkt der Zahl 2, verbindet man geradlinig mit dem Punkt der Zahl 1 auf der senkrechten Skala. Sodann zieht man durch den auf der senkrechten Skala liegenden Punkt des zweiten Faktors, also den dort befindlichen Punkt der Zahl 3, dazu eine Parallele. Diese Parallele schneidet die waagrechte Skala. Es zeigt sich, dass der erhaltene Schnittpunkt der Punkt der Zahl 6 ist, und darum ist 2·3 = 6. [Siehe Abb. 15]

Die Erklärung dafür, dass die Multiplikation so funktioniert, lautet so: Man sieht zwei Dreiecke in der Zeichnung. Das kleine Dreieck hat die Ecken, die der Zahl 0, der Zahl 2 auf der waagrechten Skala und der Zahl 1 auf der senkrechten Skala entsprechen. Das große Dreieck hat die Ecken, die der Zahl 0, der Zahl 6 auf der waagrechten Skala und der Zahl 3 auf der senkrechten Skala entsprechen. Weil diese beiden Dreiecke zueinander ähnlich sind, verhalten sich deren Seitenlängen 6 und 2 auf der waagrechten Skala genauso wie deren Seitenlängen 3 und 1 auf der senkrechten Skala. Dies bedeutet, kurz geschrieben, 6 : 2 = 3 : 1. Und hieraus schließt man sofort, dass die Zahl 6, die aus der geometrischen Konstruktion gewonnen wurde, das Produkt 2·3 der beiden Zahlen 2 und 3 sein muss.

Eigentlich spürt man beim Blick auf die Zeichnung fast handgreiflich, wie die Seiten des kleinen Dreiecks um den Faktor 3 gestreckt werden.

Mit der gleichen Regel wie zuvor kann man auch die Rechnung 2·(−3) zeichnen: Den Punkt des ersten Faktors, also der Zahl 2, auf der waagrechten Skala verbindet man geradlinig mit dem Punkt der Zahl 1 auf der senkrechten Skala. Sodann zieht man durch den Punkt des zweiten Faktors, also der Zahl −3, auf der senkrechten Skala dazu eine Parallele und schneidet diese mit der waagrechten Skala. Es zeigt sich, dass der erhaltene Schnittpunkt der Punkt der Zahl −6 ist, und darum ist 2·(−3) = −6.

In einer weiteren Übung soll die Rechnung (−2)·3 gezeichnet werden: Den Punkt des ersten Faktors, also der Zahl −2, auf der waagrechten Skala verbindet man geradlinig mit dem Punkt der Zahl 1 auf der senkrechten Skala. Sodann zieht man durch den Punkt des zweiten Faktors, also der Zahl 3, auf der senkrechten Skala dazu eine Parallele und schneidet diese mit der waagrechten Skala. Es zeigt sich, dass der erhaltene Schnittpunkt wieder der Punkt der Zahl −6 ist, und darum ist (−2)·3 = −6. [Siehe Abb. 16]

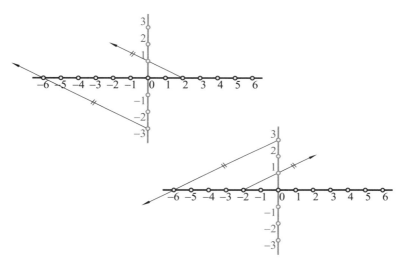

Abb. 16: Links oben die geometrische Deutung der Multiplikation 2·(−3) = −6.
Rechts unten die geometrische Deutung der Multiplikation (−2)·3 = −6.

Schließlich soll die Rechnung (−2)·(−3) als Beispiel einer Multiplikation von zwei negativen Zahlen gezeichnet werden. Man geht dabei so vor wie immer: Den Punkt des ersten Faktors, also der Zahl −2, auf der waagrechten Skala verbindet man geradlinig mit dem Punkt der Zahl 1 auf der senkrechten Skala. Sodann zieht man durch den Punkt des zweiten Faktors, also der Zahl −3, auf der senkrechten Skala dazu eine Parallele und schneidet diese mit der waagrechten Skala. Es zeigt sich, dass der erhaltene Schnittpunkt der Punkt der Zahl 6 ist. Darum ist (−2)·(−3) = 6. [Siehe Abb. 17, S. 120]

Zwangsläufig ergibt sich daraus die Merkregel: „Minus mal minus ist plus".

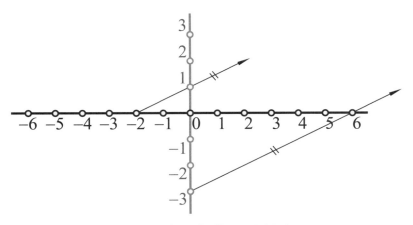

Abb. 17: Geometrische Deutung der Multiplikation $(-2) \cdot (-3) = 6$.

Die unmögliche Division durch null

Eine andere sogenannte dumme Frage, die oft gestellt wird, lautet: Warum darf man nicht durch null dividieren? Eigentlich sollte die Frage lauten: Warum *kann* man nicht durch null dividieren? Denn wenn man dies könnte, dann dürfte man es auch. Aber man kann eben nicht durch null dividieren. Und der Grund dafür ergibt sich aus der folgenden Überlegung.

Gesetzt den Fall, man könnte eine Zahl wie zum Beispiel fünf durch null dividieren. Dann würde diese Division ein Ergebnis zeitigen. Nämlich jenes, das mit null multipliziert die Zahl fünf liefert. Weil aber die Multiplikation mit null, egal welche Zahl man mit null multipliziert, immer null liefert, kann ein derartiges Ergebnis nicht existieren. Jedenfalls nicht als Zahl, mit der man rechnen kann.

Zuweilen wird behauptet, dieses Ergebnis gäbe es doch, aber eben nicht als Zahl. Das Ergebnis würde „unendlich" lauten. Gegen diese Antwort ist nichts einzuwenden, außer die Bemerkung, dass man mit „unendlich" nicht so rechnen kann, wie man es bei den Zahlen gewohnt ist. Zum Beispiel gibt es keinen vernünftigen Grund dafür, dass „unendlich mal null" just fünf ergeben soll. Es könnte genauso zwölf oder minus sieben ergeben.

Es mag sein, könnte schließlich jemand einsichtsvoll argumentieren, dass man keine von null verschiedene Zahl durch null dividieren kann. Was aber ist, so lautet die gewitzte Frage, wenn man null durch null dividieren möchte. Das sollte doch möglich sein.

Tatsächlich spricht nichts gegen die Behauptung, die Division von null durch null liefere die Zahl eins als Ergebnis. Dieses Resultat liegt sogar auf der Hand. Denn jede Zahl liefert durch sich selbst dividiert das Ergebnis eins. Allerdings ist jedes andere Resultat auch als mögliches Ergebnis der Division von null durch null denkbar. Denn wer behauptet, null durch null dividiert liefere die Zahl sieben, findet in der Rechnung $7 \cdot 0 = 0$ den Beweis: Das Siebenfache von null ist null, folglich ist null in null siebenmal enthalten.

Mit anderen Worten: Es ist nicht verboten, durch null zu dividieren, es ist nur völlig sinnlos. Denn wenn man null durch null dividiert, ist jede Zahl als Ergebnis erlaubt, was diese Rechnung bedeutungslos macht. Und wenn man eine von null verschiedene Zahl durch null dividiert, ist keine einzige Zahl als Ergebnis erlaubt. Eine Rechnung ohne Ergebnis aber ist wertlos.

Werfen wir noch einmal einen Blick auf die geometrische Skizze, die für die Multiplikation 2·3 = 6 steht. Man kann diese Skizze auch als Veranschaulichung der Division 6 : 3 = 2 lesen. Diese Division vollzieht man nämlich geometrisch in folgender Weise: Der Punkt der Zahl 6 auf der waagrechten Skala wird mit dem Punkt der Zahl 3 auf der senkrechten Skala geradlinig verbunden. Sodann zeichnet man zu dieser Geraden eine parallele Gerade durch den Punkt der Zahl 1 auf der senkrechten Skala. Ihr Schnittpunkt mit der waagrechten Skala liefert das Ergebnis 2 der Division von 6 durch 3.

Will man nach der gleichen Vorschrift die Division 5 : 0 ausführen, müsste man so vorgehen: Der Punkt der Zahl 5 auf der waagrechten Skala wird mit dem Punkt der Zahl 0 auf der senkrechten Skala geradlinig verbunden. (Weil 0 zugleich auf der waagrechten Skala liegt, stimmt diese Verbindungsgerade mit der waagrechten Skala überein.) Sodann zeichnet man zu dieser Geraden eine parallele Gerade durch den Punkt der Zahl 1 auf der senkrechten Skala. Diese ist aber waagrecht. Sie ist zur waagrechten Skala parallel und schneidet sie nirgends. [Siehe Abb. 18]

So erfährt man buchstäblich augenscheinlich, dass die Division 5 : 0 kein Ergebnis besitzt.

Die erste Ahnung vom Unendlichen

Die Division gibt Anlass zu vielen weiteren Fragen, von denen wir eine, die sehr oft gestellt wird, als letztes Beispiel erörtern wollen. Als Vorbereitung betrachten wir das Ergebnis, das ein sehr billiges Modell eines Taschenrechners bei der

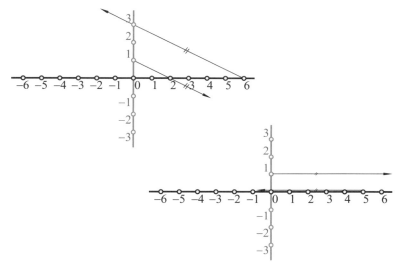

Abb. 18: Links oben die geometrische Deutung der Division 6 : 3 = 2. Rechts unten wird in analoger Weise die Konstruktion von 5 : 0 durchgeführt. Die dabei erhaltene waagrechte Parallele schneidet die waagrechte Zahlenskala nirgends. Daher besitzt diese Division kein Ergebnis.

Division 1 : 3 liefert. Es lautet: 0,333333. Das Display des Rechners hat nämlich nur für sieben Ziffern und das Komma Platz. Würden zwölf Ziffern im Display Platz finden, lautete das Ergebnis 0,33333333333, also 0, dann das Komma und danach elfmal die Ziffer 3. Es ist auch klar, wie dieses Ergebnis zustande kommt:

Die Division 1 : 3 selbst ist undurchführbar, weil die Zahl 3 gar nicht in der Zahl 1 enthalten ist. Da aber 1 zugleich zehn Zehntel sind, kann man die zehn Zehntel durch drei dividieren: Dies sind drei Zehntel, wobei noch ein Zehntel Rest bleibt. Das Ergebnis 1 : 3 = 0,3 stimmt also nur sehr grob. Tatsächlich ergibt 0,3 mit drei multipliziert nicht eins, sondern 0,9. Erst das eine Zehntel Rest zu 0,9 addiert liefert wieder eins.

Statt 1 als zehn Zehntel zu schreiben, kann man 1 auch als tausend Tausendstel darstellen. Und weil 333·3 = 999 ist, liefert die Division von tausend Tausendstel durch drei das Resultat von 333 Tausendstel, also von 0,333 – aber mit einem Tausendstel als Rest.

Der billige Taschenrechner mit dem Display, das für sieben Ziffern und das Komma Platz hat, „denkt" sich 1 als eine Million Millionstel dargestellt. Und weil 333333·3 = 999999 ist, liefert die Division von einer Million Millionstel durch drei das Resultat von 333333 Millionstel, also von 0,333333 – aber mit einem Millionstel als Rest. (Gute Taschenrechner ermitteln intern die Ergebnisse genauer, als sie es anzeigen. Darum kann es passieren, dass man bei der Multiplikation des vom Rechner angezeigten Ergebnisses 0,333333 von 1 : 3 mit der Zahl 3 wieder genau eins auf dem Display findet. Denn statt des angezeigten Ergebnisses rechnet die Maschine mit dem internen und daher genaueren Ergebnis weiter. Aber wenn man von Neuem 0,333333 in den Rechner eingibt und diese Dezimalzahl mit drei multipliziert, lautet natürlich das Ergebnis nicht eins, sondern 0,999999.)

Es ist nur zu verständlich, dass man wissen möchte, wie das Ergebnis der Division 1 : 3 ganz genau lautet. Kein Display eines Rechners ist groß genug, es anzeigen zu können. Denn er müsste die „unendliche Dezimalzahl" 0,333333… anschreiben, bei der nach null und dem Komma unendlich viele Ziffern drei aufeinanderfolgen. Die Vorstellung einer unendlichen Dezimalzahl ist verführerisch. Denn das Unendliche birgt Geheimnisvolles in sich.

Und zugleich Rätselhaftes. Denn wenn wirklich 1 : 3 = 0,333333… mit unendlich vielen Ziffern drei nach dem Komma ist, liefert die Multiplikation dieser unendlichen

Dezimalzahl mit drei die unendliche Dezimalzahl 0,999999…
mit unendlich vielen Ziffern neun nach dem Komma. Aber
wenn 0,333333… mit unendlich vielen Ziffern drei nach dem
Komma ganz exakt das Ergebnis der Division von 1 : 3 wiedergibt, müsste diese unendliche Dezimalzahl mit drei multipliziert haargenau 1 ergeben. Daher muss 0,999999… = 1
stimmen.

Ist das wirklich der Fall?

Wer so fragt, besitzt eine sehr feine Intuition für die
Rätsel des Unendlichen. So zwingend, wie es gerade scheint,
ist es nämlich gar nicht. Denn wie mit einem raffinierten und
zugleich verblüffenden Trick ist die Gleichheit der unendlichen Dezimalzahl 0,999999… mit 1 aus dem Hut gezaubert
worden. Und ein Mathematiklehrer versündigt sich schwer,
wenn er einem Kind Starrsinn oder gar Uneinsichtigkeit
vorwirft, falls das Kind dem oben rhetorisch geschickt
verpackten Argument nicht traut. Ein daran zweifelndes
Kind ist wie der junge Törleß, den Robert Musil im Grase
den Himmel beobachtend über das Unendliche nachdenken lässt. Und obwohl ihn dieses Schauen auf den offenen
Himmel so sehr quälte und dieses Denken so sehr beschäftigte, muss man sich Törleß, der zugleich den Blick über
alles Endliche hinweg genießt, in diesem Moment als einen
glücklichen Menschen denken.

VII

DREI SÄULEN SIND ES,
AUF DENEN DER GUTE MATHEMATIKUNTERRICHT RUHT

Englisch und Musik als Parallelen zur Mathematik

Nicht jedes Kind ist wie der Zögling Törleß des Robert Musil, der sich mit ganzer Seele in die Geheimnisse der Mathematik vertiefte. Obwohl es in den Ohren von begeisterten Schwärmern für die Mathematik befremdlich klingt: Es gibt viele Menschen, die nicht für die Mathematik erglühen. Die meinen, dass in der Schule zu viel davon unterrichtet und den Kindern Unnötiges abverlangt wird.

Ihre Kritik mag berechtigt sein. Sie ist jedenfalls ernst zu nehmen.

Der Vergleich mit zwei anderen Schulfächern mag hilfreich sein. Genauso wie Vertreter der Technik und der Wirtschaft mit Recht darauf drängen, dass den Kindern in der Schule mathematisches Verständnis vermittelt wird, drängen Personen, die über die Erfordernisse der modernen Welt Bescheid wissen, dass Kinder Fremdsprachen, zumindest Englisch lernen. Und es ist der Tradition des Kulturlandes Österreich geschuldet, dass Musik in der Schule unterrichtet wird.

Allen gegenteiligen Klischees zum Trotz sei betont, dass Englisch eine schwere Sprache ist, die perfekt zu beherrschen jemandem, der sie nicht von Kind an lernt, nur dann gelingt, wenn eine außerordentliche Sprachbegabung vorliegt. Davon zu unterscheiden sind Basic English oder Simplified English, vereinfachte Formen der englischen Sprache mit stark verkleinertem Wortschatz. Aber selbst wenn in der Schule versucht wird, Kindern mehr als nur behelfsmäßiges Englisch beizubringen: Ein stilistisch einwandfreies Englisch schreiben und sprechen zu können, wird wohl nur in den seltensten Fällen bei allen Kindern einer Klasse gelingen.

Das ist auch nicht erforderlich. George Steiner, der sprachgewaltige Linguist, mit Deutsch, Französisch und Englisch seit frühester Kindheit aufgewachsen, hat den weltweiten Siegeszug des Englischen, der zugleich seine traurige Niederlage besiegelt, in dem folgenden wunderbaren Bild skizziert: „Stellen Sie sich vor: Über dem Tower des Airports von Marokko kreist ein von japanischen Piloten gelenktes Flugzeug. In welcher Sprache unterhält sich das fliegende Personal mit dem Bodenpersonal? Natürlich in Englisch!" Und danach wiederholt George Steiner mit hörbarem Unglauben in seiner Stimme: „In Englisch?"

Solange das Flugzeug seine Passagiere sicher transportiert, soll es uns recht sein.

Wobei der Unterschied zwischen dem passiven und dem aktiven Sprachvermögen zu beachten ist. Es gibt viele, die nur gebrochen Englisch sprechen, aber selbst schwierige englische Texte einwandfrei lesen können. Dies führt nahtlos zur kurzen Betrachtung des zweiten Schulfachs: zur Musik.

Würden nur diejenigen von klassischer Musik Begeisterten zum Besuch der philharmonischen Konzerte im Musikverein zugelassen, die Partituren lesen können und auf dem Klavier zu spielen verstehen, der Saal wäre schütter besetzt. Tatsächlich muss man aber nicht Noten lesen und Klavier spielen können, um sich an der Musik zu erfreuen. Und auch am Musikunterricht in der Schule. Jedenfalls dann, wenn dieser Unterricht darauf Rücksicht nimmt, dass nur die wenigsten der Kinder ein ausgeprägtes Talent zum Musizieren besitzen. Deshalb konzentriert sich der gute Musikunterricht in der Schule darauf, die großen Meisterwerke der überragenden Komponisten richtig hören zu lehren sowie diese einzigartigen Tondichtungen sowohl vor den Hintergrund der Persönlichkeiten, die sie schufen, als auch vor die kulturgeschichtliche Epoche, in der sie entstanden sind, zu stellen.

Selbstverständlich hätte ein Musiklehrer seinen Beruf verfehlt, würde er bei dem einen oder anderen der ihm anvertrauten Kinder den Keim einer musikalischen Begabung übersehen. Selbstverständlich sollen diese Kinder besonders gefördert werden, die mehr musizieren wollen als bei den wenigen Chorgesängen mitzuwirken, die von der ganzen Klasse geübt und vielleicht auch ab und zu vor Publikum aufgeführt werden. Aber das betrifft nicht alle, sondern nur jene, die eine besondere Freude an der Musik und eine besondere Begabung für das Musizieren in sich tragen.

Ein Zerrbild von Unterricht

Wie haarsträubend wäre ein Musikunterricht, bei dem alle Kinder der Klasse, unabhängig davon, ob sie musikalisch sind oder nicht, vor die Tasten des Klaviers gesetzt und gezwungen würden, Tonleitern zu üben. Nicht nur die in C-Dur, die vielleicht noch alle einigermaßen unfallfrei, wenn auch hörbar mühsam und in chaotischen Rhythmen hinter sich brächten. Sondern auch jene in H-Dur oder in b-Moll, gespickt mit Kreuzen, mit Bes und mit speziellen Fingersätzen, die den meisten der Gequälten ein Leben lang ein Buch mit sieben Siegeln blieben. Und weil nur die wenigstens solche Übungen passabel schafften, bliebe der Musikunterricht auch nur beim Eintrichtern der Tonleitern hängen. Man könne doch nicht allen Kindern das Spielen der *Sonata facile* von Mozart, die so *facile* wahrlich nicht ist, zumuten. Darum bekämen die Kinder auch nicht die *Sonata facile* zu hören. Wie auch nicht die anderen Kompositionen der großen Meister. Nach der Schule dächten sie, wenn sie das Wort Musik hören, einzig und allein an Tonleitern und die sinnlosen Verkrümmungen ihrer Finger.

Nach einem solch alptraumhaften Musikunterricht wäre es kein Wunder, wenn man niemanden mehr für Musik begeistern könnte. Die Konzertsäle blieben gähnend leer.

In seinem Buch *Liebe und Mathematik* sieht Edward Frenkel den Mathematikunterricht an den Schulen – jedenfalls bei den Schulen, die er in Kalifornien kennt – ähnlich unvertretbar schlecht wie den hier beschriebenen unerträglichen Musikunterricht. Allerdings spricht Frenkel in seiner Kanonade statt vom Musik- vom Kunstunterricht:

„Angenommen, Sie hätten in der Schule einen ‚Kunstunterricht' besucht, in dem man nur gelernt hätte, wie man einen Zaun anstreicht. Angenommen, Sie hätten niemals die Gemälde von Leonardo da Vinci oder Picasso gesehen. Hätten Sie unter diesen Umständen eine Vorliebe für die Kunst entwickelt? Hätten Sie den Wunsch gehabt, mehr darüber zu erfahren? Ich bezweifle das. Vermutlich würden Sie sagen: ‚Der Kunstunterricht in der Schule war reine

Zeitverschwendung. Wenn ich jemals meinen Zaun streichen muss, lasse ich das einen Maler für mich machen', oder so ähnlich. Natürlich klingt das lächerlich, aber genau so wird uns die Mathematik beigebracht, und daher erscheint die Mathematik für die meisten von uns todlangweilig. Während die Gemälde der großen Meister für uns leicht zugänglich sind, bleibt die Mathematik der großen Meister für uns verschlossen."

Drei Säulen: Jede von ihnen soll tragen

Die Folgerung, die man aus dem Vergleich des Schulfaches Mathematik mit den Schulfächern Englisch und Musik ziehen sollte, liegt auf der Hand: Es gibt nicht eine Säule, es gibt drei Säulen, auf denen das Unterrichten von Mathematik zu ruhen hat.

Die erste Säule besteht aus dem Unterrichten von Fertigkeiten, die man beherrschen soll, um sich in der modernen Welt bewähren zu können. Denn es ist die Welt, die von digitalen Daten, von Algorithmen, von Technik und vielem anderen durchsetzt ist, das auf Mathematik fußt. Dieses Unterrichten von Mathematik ist parallel zum Unterrichten der englischen Sprache zu sehen, die den Kindern so weit beigebracht werden soll, dass sie sich in dieser modernen Lingua franca – der Universalsprache unserer Tage – ausdrücken und in der modernen Welt zurechtfinden können.

Es ist dies jene Säule des Unterrichts, dessen Erfolg man mit zentralen Tests ziemlich gut prüfen kann. Es ist zugleich jene Säule des Unterrichts, der von keinem Kind besondere Begabung verlangt. Aufmerksamkeit, Fleiß und hinreichend viel Training reichen aus, um sich den leicht zu merkenden und leicht zu übenden Stoff einverleiben zu können. Dementsprechend sind die Testbeispiele ohne besondere Ansprüche festzulegen. Sie dienen ja nicht zum Auffinden von Talenten, sondern nur zur Bestätigung des Erwerbs von nützlichem Wissen und Können.

(Einige wenige Kinder haben sogar bei sehr einfachen Rechenaufgaben größte Schwierigkeiten, sie zu bewältigen. Bei ihnen befinden sich Zahlen gleichsam im blinden Fleck des Gesichtsfeldes. Noch vor Jahrzehnten waren sie hilflos ihrem von Rechenschwäche gezeichneten Schicksal ausgeliefert. Sie galten entweder als hoffnungslose Schulversager oder konnten sich nur durch im wahrsten Sinne des Wortes übermenschliche Anstrengungen im Schulalltag durchsetzen. Heute ist man gottlob klüger geworden und weiß mit Spezialprogrammen, die in eigens dafür konzipierten Instituten angeboten werden, dieser Dyskalkulie genannten Rechenschwäche gezielt zu begegnen. Jedenfalls so weit, dass man mit einer solchen spezifischen Förderung sicher das Minimum dessen erreicht, was im Mathematikunterricht im Sinne dieser ersten Säule von den Kindern abverlangt wird.)

Wovor Edward Frenkel in seinem Vergleich mit dem „Kunstunterricht", bei dem nur das Streichen von Zäunen gelehrt wird, warnt, ist die Überbetonung der ersten Säule. So als ob sie die ganze Mathematik trüge. Leider sind seit jeher die Ersteller von Lehrplänen verlockt, nur auf diese eine Säule zu blicken. Die Verführung zu diesem Tunnelblick ist groß. Denn bei ihm weiß man genau, was man wie unterrichten, üben und prüfen muss. Dabei wird aber übersehen, dass eine nur auf der ersten Säule ruhende Mathematik das Bild dieser Wissenschaft bis zur Unkenntlichkeit verzerrt.

Der gute Mathematikunterricht ruht auch auf einer zweiten Säule. Sie besteht in der Vermittlung von Mathematik als eine Errungenschaft erstens Ranges, welche die Geschichte der Menschheit seit jeher beeinflusst hat und zunehmend beeinflussen wird. Manche Leistungen der großen mathematischen Koryphäen kann man den Kindern eingehend nahebringen: Sie lernen Formeln kennen und zu lesen. Es sind Formeln, die geniale Gedanken so transportieren wie die Notenschrift die zu Herzen gehenden Melodien der großen Meister der Musik. Von allen Kindern zu verlangen, selbst Formeln aufzustellen oder mit ihnen wie eine professionelle Mathematikerin oder ein geschulter Mathematiker umzugehen, ist zu viel verlangt. Zwar strotzen bis heute viele Prüfungsbeispiele von derartigen Aufgaben, aber der Lerneffekt, den man dabei erzielt, dürfte bei denjenigen, die keine ausgeprägte mathematische Begabung besitzen, gering sein. Viel sinnvoller wäre es, Formeln so richtig lesen zu lernen, dass man ihren Gehalt versteht, anstatt sie von den Kindern automatisiert umformen zu lassen.

Genauso kann man im Englischunterricht nicht erwarten, dass die Kinder – von ausgeprägten Talenten abgesehen – Meisterwerke in Prosa oder gar in Lyrik verfassen. Aber sie sollen die Schriften zu lesen verstehen und erfahren, dass allein der Klang von Julias Wort bezaubert: „My bounty is as boundless as the sea, my love as deep; the more I give to thee, the more I have, for both are infinite."

Es wäre ein glatter Frevel, würde man den Kindern die Aufgabe stellen, ähnlich geniale Verse wie Shakespeare zu verfassen. Umgekehrt würde dem Englischunterricht Wesentliches entgehen, wenn man diese Verse nicht den Kindern nahebrächte.

In der Mathematik ist das „infinite", das Julia so anrührend ausspricht, das Unendliche. Auf der zweiten Säule fußt der gute Mathematikunterricht, wenn er den Kindern begreiflich macht, dass Mathematik die Wissenschaft vom Unendlichen ist. Wenn sie erfahren, welches Glück es für jene bedeutet, aus dem Ringen mit dem Unendlichen Erkenntnisse zu gewinnen. Sie selbst müssen sich natürlich nicht mit jenen großen Meistern der Mathematik messen. Es genügt, wenn sie ihre Gedanken ahnungsweise nachvollziehen und so ein wenig an deren Glück teilhaben können.

Aber es gibt Kinder, die so wissbegierig und talentiert sind, dass ihnen die zweite Säule nicht genügt. Darum ruht der gute Mathematikunterricht auch auf einer dritten Säule. Denn er soll den begabten und unermüdlich an Mathematik Interessierten das Tor zu dieser Wissenschaft so weit öffnen, dass sie nicht nur, wie alle anderen auch, hineinblicken, sondern sogar hindurchschreiten können.

Als Beispiel sei die Geschichte vom vierten Kapitel erwähnt, in der Isaac Newton die Bewegung des Mondes um die Erde mathematisch zu beschreiben verstand. Die Geschichte ist in diesem Buch so erzählt, dass nur in Andeutungen die „unendlich kleinen" Dreiecke angesprochen wurden, die Newton für seine Differentialrechnung erfand. So viel darüber zu wissen, ist Teil der Allgemeinbildung und kann allen zugemutet werden. Aber seit mehr als einem Jahrhundert versucht man im Mathematikunterricht, den Siebzehn- und Achtzehnjährigen diese Rechentechnik im Detail zu vermitteln. Für jene, die in ihrem künftigen Leben nie mehr näher mit Mathematik zu tun haben werden, bringt es indes wenig, wenn sie die Technik des Differenzierens lernen und bei sogenannten Kurvendiskussionen, wie auch immer diese als Aufgaben gestaltet sein mögen, zur Geltung zu bringen versuchen. Welche mathematischen Finessen sich dahinter verbergen, wird ihnen trotzdem ewig ein Rätsel bleiben. Denn um diese verstehen zu können, muss man sehr tief in die Geheimnisse des Unendlichen eindringen. Nur bei wirklich ausgeprägter Eignung und Neigung ist es möglich – niemand soll zwangsweise dazu verpflichtet werden und es ist überhaupt keine Schande, wenn sich jemand nicht dafür berufen fühlt. Wie es auch keine Schande ist, Partituren nicht auf dem Klavier spielen zu können oder sich beim Verfassen von Sonetten in englischer Sprache für unzuständig zu erklären.

Für einen Kulturstaat wie Österreich ist es natürlich wünschenswert, wenn sehr viele Kinder für das selbständige Musizieren begeistert werden. Volkswirtschaftlich gesehen ist es noch wünschenswerter, wenn sich ungleich mehr Kinder freiwillig dem „Mathematisieren" widmen, den auf der dritten Säule ruhenden Mathematikunterricht genießen – ich gebrauche absichtlich das in diesem Kontext eigenartig klingende Verb. Nicht nur, weil ein über das Oberflächliche hinausgehendes, tiefgreifendes Verstehen von Mathematik mit persönlichem Glück verbunden ist. Sondern auch, weil es für die Zukunft von vitaler Bedeutung ist, wenn viele mathematisch gut geschulte Menschen aufgrund ihrer soliden Ausbildung erfolgreiche Karrieren ergreifen und so für die Steigerung des Wohlstandes sorgen.

VIII

DAS UM UND AUF DER MATHEMATIK
IST DER BEWEIS

Messend die Welt erfahren

„Qui dit mathématique, dit démonstration." Diesen Satz, den man frei mit „Das Um und Auf der Mathematik ist der Beweis" übersetzen kann, stellt Nicolas Bourbaki seinem enzyklopädischen Werk *Éléments de Mathématique* voran. Der Titel soll an das Buch *Elemente* des großen Geometers Euklid erinnern, der vor 2300 Jahren das mathematische Wissen seiner Zeit systematisch aufbereitet hat. Bis zum Beginn des 20. Jahrhunderts bestand der Schulunterricht in Mathematik aus dem Studium des Buches von Euklid. Es war Jahrhunderte hindurch neben der Bibel das meistgelesene Buch auf der ganzen Welt. Der amerikanische Präsident Abraham Lincoln hatte von seiner Zeit als Abgeordneter im Repräsentantenhaus an bis zu seinem gewaltsamen Tod die *Elemente* immer in Griffnähe und eifrig darin studiert.

Nicolas Bourbaki, der in Wahrheit ein Pseudonym für eine Gruppe der führenden Mathematiker Frankreichs im 20. Jahrhundert ist, setzte sich das Ziel, viel präziser, viel ausholender, viel tiefgreifender als Euklid die *Elemente der Mathematik* in einem eine Unzahl von Bänden umfassenden Werk aufzubereiten. Es soll an dieser Stelle nicht weiter erörtert werden, dass dieses monumentale Vorhaben der durchgreifende und nachhaltige Erfolg versagt blieb, den sich Bourbaki erträumte. Nicht einmal Auszüge des höchst abstrakt verfassten Buches werden an den Universitäten und natürlich schon gar nicht an den Schulen gelesen. Uns interessiert allein die Bedeutung des ersten Satzes seiner Enzyklopädie: Dass jemand, der von Mathematik spricht, vom Beweisen spricht.

Kenner von Bourbakis Buch werden anmerken, dass sein erster Satz hier nicht vollständig zitiert ist. Eigentlich lautet er: „Depuis les grecs, qui dit mathématique dit démonstration", frei übersetzt: „Seit den Griechen ist das Um und Auf der Mathematik der Beweis." Bourbaki gesteht, dass es Mathematik bereits vor der Blütezeit der griechischen Antike gegeben hat. Im alten Ägypten wurden die Felder nach den Überschwemmungen des Nils immer wieder aufs Neue vermessen, wobei geometrische Kenntnisse erforderlich waren. Im Zweistromland verfolgten die Astronomen mit ihren langen Messlatten mit hoher Genauigkeit die Bewegungen der Gestirne, vor allem den Lauf der Sonne und des Mondes durch die zwölf Sternbilder. Denn damit gelang ihnen nicht nur eine erstaunlich genaue Zeitrechnung, sie konnten sogar Sonnenfinsternisse präzise vorhersagen.

Babylonische Astronomen wussten zwar nicht, wie weit die Gestirne von uns entfernt sind. Dafür konnten sie mit ihren Messlatten sehr genau die Winkel messen, die von der Erde aus zwei Sterne zueinander einschlagen. Die Einteilung der Kreislinie in 360 Grad ist wohl eine der ersten Eichungen in der Geschichte der Menschheit.

(Weshalb die Babylonier auf die Zahl 360 verfielen, ist unklar. Vielleicht hat es mit den Tagen des Jahres zu tun. Doch das wäre nicht sehr genau, denn das Sonnenjahr umfasst 365 Tage und einen Vierteltag. Tatsächlich rechnete man in Babylon aber in Mondjahren: Die Monate dauerten bei ihnen abwechselnd 29 und 30 Tage, denn die Zeit von einem Vollmond bis zum nächsten nimmt ziemlich genau 29 ½ Tage in Anspruch. Zwölf dieser Monate bilden das 354 Tage dauernde Mondjahr. Allerdings wussten die Babylonier sehr gut, dass ein so kurzes Jahr den Wechsel der Jahreszeiten falsch wiedergibt. Innerhalb von 19 Jahren schoben sie zwischen zwölf Mondjahre mit jeweils zwölf Monaten als Korrektur sieben Schalt-Mondjahre ein, die 13 Monate umfassen. So gesehen ist die zwischen 365 ¼, der Anzahl der Tage des Sonnenjahres, und 354, der Anzahl der Tage des Mondjahres, liegende Zahl 360 ein brauchbarer Kompromiss. Er besitzt zusätzlich den angenehmen Vorteil, dass 360 durch sehr viele Zahlen ohne Rest teilbar ist.)

So alt die Eichung des Kreises in 360 Grad ist, so früh lernen Kinder mit dem Winkelmesser umzugehen. Von einfachen Längenmessungen abgesehen, ist das Ablesen von Graden beim Winkelmesser der erste Messvorgang, der von jungen Menschen abverlangt wird. Es handelt sich dabei um eine sehr sinnvolle Übung. Denn man soll lernen, dass Messen Geduld, Genauigkeit und Sachkenntnis erfordert.

Es ist nämlich für Zwölfjährige gar nicht so einfach, den Winkelmesser sachgerecht an einen Winkel anzulegen, den zwei aus einem gemeinsamen Punkt, der sogenannten Spitze, hervorgehende gerade Linien einschließen, welche die Schenkel des Winkels heißen. Entweder platziert man mit seinen noch etwas ungeübten Fingern den Winkelmesser so, dass sein Nullpunkt genau über der Winkelspitze zu liegen kommt – dann aber zieht sehr oft der eine Schenkel, der die Null-Grad-Linie kennzeichnen soll, nicht genau durch die Null-Grad-Markierung des Winkelmessers. Glaubt das

Kind, den Winkelmesser jetzt endlich zurechtgerückt zu haben, rutscht gleichzeitig der Nullpunkt des Winkelmessers von der Winkelspitze ab. Erst nach einem mühseligen Hin und Her ist der Winkelmesser zu guter Letzt so kalibriert, dass sein Nullpunkt genau über der Spitze liegt und der erste Schenkel genau durch die Null-Grad-Markierung läuft. Jetzt muss nur mehr die Markierung abgelesen werden, durch die der zweite Schenkel läuft.

Doch auch das ist nicht ganz problemlos zu bewerkstelligen. Denn selbst wenn der zweite Schenkel genau durch einen kleinen Markierungsstrich läuft, ist dieser nicht bezeichnet. Er liegt zwischen zwei langen Markierungsstrichen. Der eine lange, von dem der kleine Markierungsstrich drei Schritte entfernt ist, trägt zwei Zahlen als Bezeichnung: 70 und 110. Der andere lange, von dem der kleine Markierungsstrich sieben Schritte entfernt liegt, ist mit den beiden Zahlen 80 und 100 bezeichnet. Wie soll man daraus die Größe des Winkels ermitteln? Tatsächlich muss das Kind vor der eigentlichen Messung durch grobe Betrachtung des Winkels feststellen, ob dieser spitz oder stumpf ist. Nur dann kann es entscheiden, ob dieser Winkel 73 Grad oder aber 107 Grad groß ist. [Siehe Abb. 19]

Erst ausdauernde Übung macht bei der Messung von Winkeln den Meister.

Thales findet Dreiecke im Kopf

Ein ziemlich viel Zeit beanspruchendes Übungsbeispiel zum Winkelmessen besteht darin, dass man irgendein Dreieck zeichnet – nur hinreichend groß, damit die Dreieckseiten

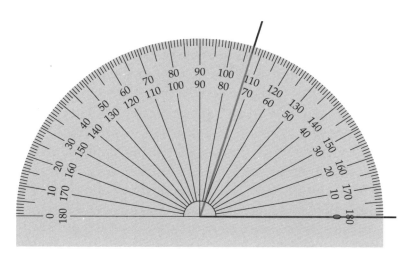

Abb. 19: Messung eines Winkels mit Hilfe eines Winkelmessers.

über die Markierungen des Winkelmessers hinausreichen – und die drei Innenwinkel dieses Dreiecks messen lässt. Wenn die Kinder diese reichlich aufwendige Prozedur bewältigt haben, verlangt man schließlich, dass die drei gemessenen Innenwinkel addiert werden.

„Ich hab 178 Grad", ruft Lukas, der als Erster fertig wurde, „ich hab 181 Grad", meldet sich Stephanie, „ich hab 180 Grad", hören wir von Marion, „ich auch", „ich auch", „ich auch", rufen ein paar andere Kinder, und Alexander verkündet stolz: „Aber ich habe 256 Grad!"

Für Alexander dürfte ein genaues Überprüfen seiner Messung und Rechnung angesagt sein. Doch wie auch immer: So wie hier das Dreieck von den Kindern betrachtet wurde, sahen es auch die Geometer des alten Ägypten und die Astronomen Mesopotamiens: als ein Objekt, an dem man Messungen durchführen kann.

Die griechischen Mathematiker hingegen sahen das Dreieck als ein Objekt, über das man nachdenken kann.

Schon Thales von Milet, der ein Lehrer des Pythagoras gewesen sein dürfte, hatte mit Sicherheit bereits die folgende Überlegung ersonnen: Ist ein beliebiges Dreieck gegeben, legt es Thales so vor sich hin, dass eine Seite waagrecht ist. Die vom linken Eckpunkt ausgehende noch oben führende Dreiecksseite verlängert er über den oberen Eckpunkt des Dreiecks hinaus. Sodann zeichnet er durch diesen oberen Eckpunkt eine waagrechte gerade Linie, also eine Parallele zur waagrechten Dreiecksseite.

Thales stellt fest: Der Innenwinkel des Dreiecks am linken Eckpunkt findet sich am oberen Dreieckspunkt zwischen der waagrechten Parallele und der verlängerten linken Dreiecksseite wieder. Und der Innenwinkel des Dreiecks am rechten Eckpunkt findet sich, um 180 Grad gedreht, am oberen Dreieckspunkt zwischen der vom rechten Eckpunkt ausgehenden Dreiecksseite und der waagrechten Parallele wieder. Daher sind alle Innenwinkel des Dreiecks am oberen Dreieckspunkt anzutreffen. Und Thales sieht sofort, dass sie in Summe einen gestreckten Winkel ergeben, also einen Winkel von 180 Grad. [Siehe Abb. 20]

Das Beeindruckende daran ist die Überzeugungskraft des Arguments: Es muss so sein. Es kann gar nicht anders sein. Es wird immer so sein.

Und wenn Vera mit ihrer Zeichnung zum Lehrer eilt und mit Bestimmtheit feststellt: Sie habe ganz genau gemessen, sie habe sich sicher nicht verrechnet und sie habe bei der Summe nur 179 Grad erhalten, muss er sie enttäuschen: Entweder hat sie doch ein wenig schlampig gezeichnet, oder doch den Winkelmesser nicht genau hingehalten,

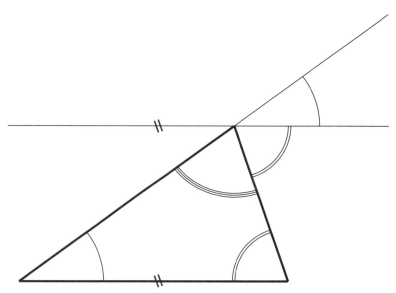

Abb. 20: Geometrischer Beweis dafür, dass die Summe der Innenwinkel eines Dreiecks immer 180 Grad beträgt.

oder vielleicht war das Papier zu wellig – es kann das Resultat 179 Grad jedenfalls nicht genau stimmen. Vera ist verdutzt, dass der Lehrer gar nicht zu ihrem Papier greift, gar nicht nachmisst, gar nicht die Rechnung kontrolliert. Aber das braucht er wirklich nicht. Er weiß einfach, dass nur 180 Grad als Summe richtig sind, wenn Veras Dreieck ein mathematisch exaktes Dreieck ist.

Dieses Zugeständnis kann der Lehrer Vera machen: Vielleicht stimmt das von ihr gezeichnete Dreieck nicht mit dem idealen Dreieck der Mathematik überein. Was durchaus möglich ist. Denn Veras Dreieck befindet sich auf dem Papier. Das ideale Dreieck hingegen ist nur im Kopf.

Pythagoras erobert die Ebene

Ein zweites Beispiel für die Überzeugungskraft eines mathematischen Beweises führt zu einer der wichtigsten Erkenntnisse der Elementargeometrie:

Hermann und Dorothea – die Namen der beiden sind Goethes Epos geschuldet – gehen von einem gemeinsamen Ausgangspunkt in Richtung Osten. Hermann legt drei, Dorothea vier Kilometer zurück. Es ist klar, dass sie danach einen Kilometer voneinander entfernt sind.

Hermann und Dorothea gehen von einem gemeinsamen Ausgangspunkt weg, diesmal Hermann nach Osten und Dorothea nach Westen. Hermann legt wieder drei, Dorothea wieder vier Kilometer zurück. Auch in diesem Fall ist klar, dass sie danach sieben Kilometer voneinander entfernt sind.

Hermann und Dorothea gehen von einem gemeinsamen Ausgangspunkt weg, diesmal Hermann nach Norden und Dorothea nach Osten. Hermann legt wieder drei, Dorothea wieder vier Kilometer zurück. Wie weit die beiden nun voneinander entfernt sind, ist keineswegs so unmittelbar zu erkennen wie in den beiden zuvor genannten Beispielen. Selbstverständlich könnte man auf dem Plan die Entfernung abmessen und – mögliche Messfehler dabei in Kauf nehmend – auf eine Entfernung von fünf Kilometer schließen. Aber das hat nichts mit den simplen Rechnungen $4 - 3 = 1$ und $4 + 3 = 7$ der beiden obigen Beispiele gemein. [Siehe Abb. 21]

Offenkundig beruht der qualitative Unterschied des dritten zu den beiden zuvor genannten Beispielen darin, dass in diesem dritten Beispiel der geradlinige, von West

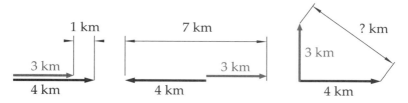

Abb. 21: Die drei Wanderungen von Hermann und Dorothea.

nach Ost verlaufende, eindimensionale Weg verlassen wurde. Hermann und Dorothea „erobern" im dritten Beispiel gleichsam die zweidimensionale Ebene. Und es war wohl eine der wichtigsten Erkenntnisse, die möglicherweise schon ägyptische, sicher aber babylonische Gelehrte gewonnen haben, dass man aus der Tatsache, dass die West-Ost-Richtung zur Süd-Nord-Richtung einen rechten Winkel einschließt, folgern kann: Die Entfernung von fünf Kilometer, welche Hermann und Dorothea im dritten Beispiel nach ihrer Wanderung besitzen, lässt sich ebenso durch eine Rechnung bestimmen wie die beiden zuvor genannten Entfernungen von einem und von sieben Kilometer. Pythagoras jedenfalls hat den Beweis dafür gekannt:

Pythagoras betrachtet ein Quadrat, dessen Seite sich aus der Summe zweier Strecken zusammensetzt, wobei die eine vier und die andere drei Kilometer lang ist. So, wie er dieses Quadrat in der nachfolgenden Zeichnung skizziert, erkennt er: Sein Flächeninhalt von sieben mal sieben, also von 49 Quadratkilometer errechnet sich, indem man den Flächeninhalt des großen Teilquadrats von vier mal vier, also von 16 Quadratkilometer, den Flächeninhalt des kleinen Teilquadrats von drei mal drei, also von neun Quadratkilometer und die beiden Flächeninhalte der Rechtecke mit den drei und vier Kilometer langen Seiten, also zweimal zwölf

Quadratkilometer – dies sind 24 Quadratkilometer – addiert. Tatsächlich ist 16 + 9 + 2·12 = 49. [Siehe Abb. 22]

In der nächsten Skizze denkt sich Pythagoras beide Rechtecke jeweils entlang einer Diagonale aufgeschnitten. Sie zerfallen in vier rechtwinklige Dreiecke, welche Katheten der Längen drei Kilometer und vier Kilometer besitzen. [Siehe Abb. 23]

Nun verschiebt Pythagoras die vier Dreiecke in dem großen Quadrat so, dass ihre Hypotenusen im Inneren des großen Quadrates ein dazu schräg gedrehtes, kleineres Quadrat aufspannen, wie es die nachfolgende Skizze zeigt. Dessen Flächeninhalt erhält er aus der folgenden Überlegung: Er ergibt sich, wenn man vom Flächeninhalt des großen Quadrats die vier Flächeninhalte der vier rechtwinkligen Dreiecke subtrahiert. Dies bedeutet, dass er sich ergibt, wenn man vom Flächeninhalt des großen Quadrats beide Flächeninhalte der Rechtecke mit den drei und vier Kilometer langen Seiten subtrahiert. Er stimmt, wenn man auf die erste der drei Skizzen blickt, mit der Summe der beiden Flächeninhalte des großen und des kleinen Teilquadrats überein: jenes mit vier Kilometer Seitenlänge und jenes mit drei Kilometer Seitenlänge.

Darum, so erkennt Pythagoras, ist der Flächeninhalt des Quadrats mit der Hypotenuse des rechtwinkligen Dreiecks als Seitenlänge die Summe der Flächeninhalte der beiden Quadrate mit den Katheten als Seitenlängen. Das ist sein berühmter Satz. [Siehe Abb. 24]

Ihm zufolge *muss* bei dem von uns betrachteten rechtwinkligen Dreieck mit Katheten der Längen vier Kilometer und drei Kilometer das Quadrat mit der Hypotenuse als Seitenlänge den Flächeninhalt 16 Quadratkilometer plus

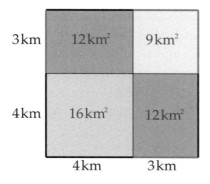

3km

4km

4km   3km

Abb. 22: Das Quadrat mit vier Kilometer plus drei Kilometer Seitenlänge setzt sich aus zwei Quadraten mit 16 Quadratkilometer und neun Quadratkilometer Flächeninhalt und aus zwei Rechtecken mit jeweils zwölf Quadratkilometer Flächeninhalt zusammen.

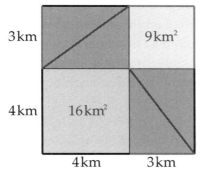

3km

4km

4km   3km

Abb. 23: Die beiden Rechtecke werden jeweils entlang einer Diagonale aufgeschlitzt. Die dabei entstehenden vier rechtwinkligen Dreiecke können im großen Quadrat verschoben werden.

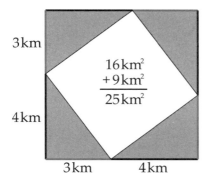

3km

4km

3km   4km

Abb. 24: Die vier rechtwinkligen Dreiecke wurden im großen Quadrat so verschoben, dass ihre Hypotenusen ein Quadrat von 25 Quadratkilometer Flächeninhalt einschließen. Weil 5·5 = 25 ergibt, müssen daher die Hypotenusen der rechtwinkligen Dreiecke fünf Kilometer lang sein.

neun Quadratkilometer, also 25 Quadratkilometer, besitzen. Darum brauchen wir, wenn Hermann drei Kilometer nach Norden und Dorothea vier Kilometer nach Osten gehen, deren Abstand nicht zu messen. Der Satz des Pythagoras besagt, dass man diesen Abstand berechnen kann. Er lautet exakt fünf Kilometer.

Sollte eine Messung einen anderen Wert anzeigen, muss sie falsch sein. Vielleicht weil man den Maßstab nicht genau angelegt hat. Vielleicht weil man schlecht abgelesen hat. Vielleicht weil Hermann und Dorothea nicht in einem ebenen Gebiet gewandert sind. Denn wie beim Beweis der Winkelsumme des Dreiecks ist der Satz des Pythagoras unbezweifelbar. Jedenfalls für die idealen rechtwinkligen Dreiecke, die nicht auf dem Papier, sondern im Kopf existieren.

Beweisen ohne Ende

Keinesfalls Messungen, kaum Rechnungen, sondern allein Beweise bilden die Substanz der Mathematik. Wobei jeder Beweis neue Fragen aufwirft, die manchmal kinderleicht, manchmal außergewöhnlich schwierig zu beantworten sind. Doch immer müssen die Antworten so gegeben werden, dass sie jeder Kritik standhalten und einer glasklaren Logik folgen.

Manche Menschen sind davon regelrecht fasziniert. Andere nehmen es eher gleichmütig, achselzuckend zur Kenntnis. Und es ist vergebene Liebesmüh, diejenigen, die an mathematischen Beweisen nichts Faszinierendes finden, unnachsichtig streng dazu bekehren zu wollen. Aber selbst unter den – hoffentlich – vielen, die mathematische

Beweise interessant, ja sogar reizvoll finden, werden nicht alle befähigt sein, auch nur einfach aufzudeckende Varianten eines leicht zu verstehenden Beweises selbständig formulieren zu können. Das ist überhaupt nicht tragisch. Denn die Mathematik, so wie Thales, Pythagoras und Euklid sie verstehen, soll in der Schule in kleinen, der Auffassungsgabe der Kinder angepassten Dosen sehr wohl als Angebot präsentiert, nie aber als Verpflichtung gepaukt werden.

Denn auch diejenigen, deren mathematische Begabung nicht so entwickelt ist, dass sie eigenständig zu Beweisen gelangen, schätzen sich glücklich, wenn sie einen von einer eminenten mathematischen Koryphäe erdachten Beweis nachvollziehen können. Es ist dies eine Quelle echten, tiefen und unvergänglichen Glücks: etwas durchblickt zu haben, wirklich durchgreifend erfasst zu haben, das eine Erkenntnis darstellt, die ganz sicher gilt und wie ein Fels steht, auf dem man ein stabiles Haus errichten kann.

Das nämlich ist die edelste Aufgabe von Schule: das Glück zu vermitteln, etwas wirklich zu verstehen.

VIIII

DAS KLISCHEE VON MATHEMATIK
UND SEINE WIDERLEGUNG

Die Sprache des Weltverständnisses

Mathematik ist weltfern, unverständlich, unbrauchbar. Und vor allem verzeiht sie keinen einzigen Fehler.

Wäre dies der Fall, wäre sie als Schulfach ungeeignet.

In Wahrheit aber ist sie *das* Schulfach schlechthin. In der Antike bestand die Schule, nachdem in den Vorbereitungskursen, dem sogenannten Trivium, dem Dreipfad, der rechte Umgang mit der Sprache in den drei Disziplinen Grammatik, Rhetorik und Dialektik beigebracht wurde, nur aus Mathematik – und das war alles andere als ein übles Programm. Denn das auf das Trivium folgende Quadrivium, der Vierpfad, bestand aus vier mathematischen Disziplinen: der reinen Zahlenlehre, der Arithmetik, und der angewandten Zahlenlehre, der Musik (denn die Musik ist von den konsonanten und den dissonanten Intervallen geprägt, und diese lassen sich als Verhältnisse von Zahlen beschreiben). Sodann der reinen Raumlehre, der Geometrie, und der angewandten Raumlehre, der Astronomie.

Seit Beginn der Neuzeit wurde ihre Bedeutung noch besser erkannt. Denn nur mit den auf Mathematik beruhenden Erfindungen des Fernrohrs und des Mikroskops – die geometrische Optik ist ein mathematisches Produkt – konnten völlig neue Welten entdeckt werden. Die Vermessung mit Kompass und Sextanten trat hinzu, die mathematische Kartographie erschloss den Globus. Physik und Technik traten ihren Siegeszug an, als sie sich der Mathematik bedienten. Die Chemie ließ die alchemistische Hexenküche hinter sich, als mit mathematischen Verfahren Eigenschaften von Stoffen und Abläufe chemischer Reaktionen erfasst werden konnten. Und auch die anderen Naturwissenschaften rühmen sich, als exakt zu gelten, sobald mathematische Gleichungen bei ihnen Einzug halten.

In Wahrheit wissen wir nicht, warum die Mathematik so profund und umspannend die Welt durchdringt. Denn eigentlich ist sie eine menschliche Erfindung. Nirgendwo in der Welt trifft man auf Zahlen. Es mag jemand einem anderen seine Finger der ausgestreckten Hand zeigen, um zu bekunden, dass hier die Zahl fünf sei. Aber sie ist nicht in der Hand. Dort befinden sich bloß die Finger. Die Zahl fünf ist nur im Kopf des Betrachters anzutreffen.

Warum lässt sich die Welt, wenn es nirgendwo in ihr die Zahlen gibt, so gut mit Zahlen erfassen? Der eminente Physiker und Nobelpreisträger Eugene Wigner staunte wie viele andere darüber und sprach von der „Unreasonable Effectiveness of Mathematics in the Natural Sciences", der unverständlichen Wirksamkeit der Mathematik in den Naturwissenschaften. „Das Wunder", schreibt Wigner, „dass die Sprache der Mathematik für die Formulierung der Naturgesetze wie geschaffen ist, empfinden wir als märchenhaftes Geschenk, das wir weder verstehen noch verdienen."

Berühmt ist das Wort Galileo Galileis in seinem *Il Saggiatore*, einer 1623 erschienenen Schrift über die Kometen: „Das wahre Weltverständnis steht geschrieben in dem großen Buch, das uns fortwährend offen vor Augen liegt: dem Kosmos. Aber man kann es nicht begreifen, wenn man nicht die Sprache verstehen und die Buchstaben kennen lernt, worin es geschrieben ist. Es ist geschrieben in mathematischer Sprache, und die Buchstaben sind Dreiecke, Kreise und andere geometrische Figuren. Ohne diese Mittel ist es dem Menschen unmöglich, ein Wort davon zu verstehen. Es wäre nur ein sinnloses Herumirren in einem finsteren Labyrinth."

Weltfern ist die Mathematik wahrlich nicht.

Das Missverständnis des „Buchstabenrechnens"

Dafür aber, so wird beklagt, unverständlich.

Trotz des Mathematikunterrichts meinen viele, zum „sinnlosen Herumirren in einem finsteren Labyrinth" verdammt zu sein, wenn ihnen ein mathematischer Sachverhalt mitgeteilt wird, sie gar mit einer mathematischen Aufgabe konfrontiert sind. Wenn wenigstens die „mathematische Sprache", von der Galilei schreibt, wirklich aus Buchstaben bestünde, die „Dreiecke, Kreise und andere geometrische Figuren" sind. Dann könnte man sich darunter etwas bildhaft vorstellen. Aber die „mathematische Sprache" bestehe, so wird geklagt, aus echten Buchstaben wie a, b, c oder x, y, z – und darunter könne man sich nichts vorstellen.

Dieser Vorwurf stimmt zum Beispiel dann, wenn man hört, der Satz des Pythagoras laute „a-Quadrat plus b-Quadrat ist c-Quadrat". Im Vergleich dazu sind die Merseburger Zaubersprüche „bên zi bêna, bluot zi bluoda, lid zi geliden, sôse gelîmida sîn" ein Ausbund an Verständlichkeit. Und in der Tat bringt das bloße Aufsagen von „*a*-Quadrat plus *b*-Quadrat ist *c*-Quadrat" gar nichts. Und hat auch gar nichts mit Mathematik zu tun, höchstens mit einem schlechten Mathematikunterricht.

Das Unverständliche beginnt schon dann, wenn man den Lehrer sagen hört, er betrachte eine Zahl *a*. Wie, so fragt man zurecht, kann man „eine Zahl *a*" betrachten? Wo sieht der Lehrer, wenn er von *a* spricht, eine Zahl? Diese Fragen sind berechtigt. Und werden sie nicht beantwortet, ist der Weg versperrt, auch nur die einfachste mathematische Formel zu verstehen. Vielleicht kann man mit ihr irgendwie hantieren lernen wie ein Blinder mit Malkasten und Pinsel, aber das hätte weder mit Mathematik noch mit Verstehen zu tun.

Die Frage, wie der Lehrer „eine Zahl *a*" betrachten könne, besitzt eine klare Antwort: Das kann er gar nicht, selbst wenn er ein mathematisches Genie wäre. Denn *a* ist keine Zahl, *a* ist ein Buchstabe. Der Lehrer betrachtet einen Buchstaben, ein Zeichen, ein Symbol für eine Zahl. Die Zahl selbst betrachtet er nicht, weil er sie gar nicht kennt. Wenn er sagt, er betrachte eine Zahl *a*, spricht er verkürzt und für mathematische Laien völlig unverständlich. Denn präzise müsste er stattdessen sagen: „Ich betrachte einen Buchstaben *a*, der mir als Symbol für eine Zahl dient, die ich nicht kenne." In mathematischen Kreisen empfindet man das als zu kompliziert ausgedrückt. Denn in diesen Kreisen verstehen alle, was es bedeutet, wenn jemand postuliert: „Es sei *a* eine Zahl." Was genau genommen unmöglich ist. „Es symbolisiere *a* eine Zahl", müsste man eigentlich sagen.

Was Konfuzius im Hinblick auf die Lebensführung sagte, gilt auch für die Mathematik: „Wenn die Worte nicht stimmen, dann ist das Gesagte nicht das Gemeinte. Wenn das, was gesagt wird, nicht stimmt, dann stimmen die Werke nicht. Gedeihen die Werke nicht, so verderben Sitten und Künste. Darum achte man darauf, dass die Worte stimmen. Das ist das Wichtigste von allem." In mathematischen Zirkeln ist die schlampige Redeweise, in denen es von Zahlen a, b, c bis hin zu x, y, z nur so wimmelt, erlaubt. Aber in der Schule kommt es darauf an, dass die Worte stimmen, damit das Gesagte auch das Gemeinte ist.

Schließlich sei angemerkt, dass der Mathematiklehrer, der „eine Zahl a" betrachtet, diese in eine Formel einsetzt und nach ein paar Umformungen, die wie kleine Zauberkunststückchen wirken, zum Ergebnis gelangt, „die Zahl a" sei sieben, selbst bei Archimedes, dem klügsten Mathematiker aller Zeiten, auf völliges Unverständnis stoßen würde. Denn als Grieche der Antike weiß Archimedes von vornherein, welche Zahl der Buchstabe a, den er als alpha liest, ist: alpha ist die Zahl eins. Dass alpha die Zahl sieben wäre, ist in den Augen des Archimedes Unsinn. Denn sieben ist der Buchstabe z, von den Griechen zeta genannt.

Im alten Griechenland wurden nämlich die Zahlen wirklich mit den Buchstaben ihres Alphabets bezeichnet: alpha war eins, beta war zwei, gamma war drei, und dies setzte sich so fort bis zum Buchstaben iota, der mit zehn übereinstimmte. Danach zählten die Griechen der Antike in Zehnerschritten weiter: kappa war 20, lambda war 30 und so weiter. Der griechische Buchstabe pi war in den Augen des Archimedes 80. Nie hätte er das Verhältnis von Umfang zu Durchmesser eines Kreises so bezeichnet. (Diese Namensgebung, vom Wort perímetros, also Umfang herrührend, stammt vom Waliser Mathematiker William Jones aus dem frühen 18. Jahrhundert.)

Eben deshalb, weil im antiken Griechenland Zahlen als Buchstaben geschrieben wurden, war es in der griechischen Mathematik undenkbar, dass man eine noch unbekannte Zahl mit einem Buchstaben symbolisiert. Es liegt nämlich im Wesen des Symbols, dass es mit dem, was es bezeichnet, nicht übereinstimmt. Das Kreuz als christliches Symbol der Auferstehung ist in Wahrheit ein Galgen.

Aus diesem Grund hatten die Mathematiker des alten Griechenland entweder nur mit den Zahlen selbst gerechnet, nie aber mit Unbekannten – sieht man von Diophantos ab, der ziemlich sicher erst nach der Hochblüte der griechischen Antike lebte –, oder sie betrieben Geometrie. Ob man einen Punkt mit einem Buchstaben bezeichnet oder mit einem Zahlzeichen, ist ja einerlei. Denn weder der Buchstabe noch das Zahlzeichen stimmen mit dem Punkt überein. Gerade deshalb sind sie als Symbole für den Punkt geeignet.

Die Algebra, worunter man salopp „das Rechnen mit Buchstaben" versteht, war den Mathematikern der griechischen Antike verschlossen.

Wenn die Sachverhalte in präziser Sprache erklärt werden, ist die Mathematik alles andere als unverständlich. Sie ist im Gegenteil das Verständlichste, das wir kennen.

Mathematik schließt „Digitale Kompetenz" in sich ein

Doch sie ist hinter den Dingen verborgen. So versteckt, dass sie Kurzsichtige gar nicht erkennen. Und daher meinen, sie brauchen sie nicht.

Das schlägt sich bis zur Schule durch. Wenn die klassischen Schulfächer danach getestet werden, ob sie noch der gegenwärtigen modernen Zeit angepasst sind, oder ob man sie durch aktuelle und brauchbare Fächer ersetzen soll, gerät zweifellos auch die Mathematik ins Visier der sogenannten Bildungsexperten. Der Computer habe sie weitgehend abgelöst, wird moniert. Demnach wäre statt der antiquierten Mathematik mit Tafel und Kreide, Zirkel und Dreieck – ich selbst lehre noch so an der Technischen Universität für Studentinnen und Studenten der Elektrotechnik und Informationstechnik – eine Auffrischung angesagt. Am besten durch die Schaffung eines neuen Unterrichtsfachs, das man „Digitale Kompetenz" taufen könnte.

Ganz falsch ist das natürlich nicht: Das Thema ist wichtig und digitale Kompetenzen werden in Zukunft eine bedeutende Rolle spielen. Allerdings dürfte das Desiderat an digitaler Kompetenz trotzdem am besten in dem Schulfach unterzubringen sein, das es bereits gibt, und das genau diese Kompetenzen zu vermitteln hätte: die Mathematik, wie wir sie schon immer kennen.

Denn Digits sind nichts anderes als Ziffern, die Bauelemente der Zahlen, den Objekten, mit denen sich die Mathematik von ihrem Beginn an auseinandersetzt. Drei wesentliche Aspekte wären beim Unterrichten von digitalen Kompetenzen zu behandeln.

Erstens das Verständnis, worum es sich bei einem digitalen Gerät – beginnend beim Smartphone und endend beim selbstfahrenden Auto – im Prinzip handelt: um eine simple Rechenmaschine. Sie besteht aus nichts anderem als aus Schaltern, die nur zwei Zustände, nämlich null oder eins, einnehmen können und raffiniert verdrahtet sind. Die Entmythologisierung einer Maschine, die vom unbedarften Laien wie ein Dämon empfunden wird, ist von zentraler Bedeutung.

Zweitens die Einschätzung des Wertes eines digitalen Geräts. Von seinem Inhalt her ist es, sobald man das Geheimnis seines Innenlebens gelüftet hat, nämlich wertlos. Denn man kann es beliebig oft kopieren. Wie man auch keine Primzahl verkaufen kann, wenn bekannt ist, dass es sich hierbei um eine Primzahl handelt. (Geheim gehaltene große Primzahlen werden hingegen zu hohen Preisen gehandelt.) Eigentlich kauft man beim digitalen Gerät nur das Design – eine verführerische Möglichkeit, Mathematik mit dem Kunstunterricht zu verbinden.

Drittens die Verwendung eines digitalen Geräts, das es gilt zu beherrschen, will sagen: souverän darüber zu verfügen und sich ihm nicht zu unterwerfen.

Die Macht des Computers und die Ohnmacht der Vernunft, so betitelte Joseph Weizenbaum sein prophetisches Werk zu einer Zeit, als es noch keine Social Media gab, die sich bei unvernünftiger Nutzung zu asozialen Werkzeugen verwandeln. Die Mathematik kennt die Macht, aber auch die Grenzen der digitalen Nutzung – und nur wenn der Mensch sich außerhalb dieser Grenzen bewegt, ist er wirklich frei.

Schon in den Volksschulen, wenn die Kinder das Einmaleins lernen, erfahren sie, worin der Unterschied besteht, an ein Ergebnis einer Rechnung bloß zu glauben oder zu verstehen, wie man zu diesem Ergebnis gelangt. „Ich kann es selbst" – mit diesem stolzen Wort befreit sich die Vernunft von der Verführung auf dem Display. Es mag die Mathematik nicht das einzige Schulfach sein, das zur klugen Kritik befähigt. Doch einen wesentlichen Beitrag könnte sie leisten.

Mathematik wird zu wenig unterrichtet

Schließlich bleibt noch das Klischee von der unerbittlichen Strenge der Mathematik.

Aber es ist nur ein Gerücht, dass sie keinen Fehler verzeiht. Tatsächlich unverzeihliche Fehler begeht man, wenn ein Wort gesprochen oder eine Tat gesetzt sind, die etwas Fatales bewirken, das sich nicht mehr rückgängig machen lässt. Darum stellte man in alter Zeit einen Brückenbauer nach Vollendung seines Werks unter seine Brücke und ließ die schwersten für sie zugelassenen Lasten über die Brücke rollen. So versicherte man sich mit dem Leben des Ingenieurs, dass dieser bei seiner Konstruktion keinen Fehler begeht.

Die Mathematik, die sich auf das Denken mit Bleistift und Papier bezieht, ist im Vergleich dazu das Muster, ja der Inbegriff an Toleranz. Sie verzeiht jeden Fehler. Darum ist die Mathematik die zweitbilligste Wissenschaft, denn um sie zu betreiben, braucht man wirklich nur Bleistift und Papier – und einen großen Papierkorb, der all die Zettel fasst, auf denen die Fehler stehen, die man während seiner Rechnungen und Überlegungen mit Sicherheit zu Myriaden begeht. (Nur die Philosophie als Wissenschaft ist noch billiger – bei ihr ist nämlich der Papierkorb überflüssig …)

Und darum wird Mathematik an den Schulen viel zu wenig unterrichtet. Zu wenig im folgenden Sinn: Leider endet der Mathematikunterricht damit, dass man bei einem Test feststellt, ob alles richtig gerechnet wurde oder ob Fehler begangen wurden. In diesem zweiten Fall wird die Leistung mit einer schlechten Note bestraft, die Sache gilt als erledigt. Was eine schwere Sünde wider den Geist der Mathematik ist.

Den just bei den Fehlern sollte der Unterricht erst richtig ansetzen. Kein Fehler in einer Schularbeit ist wirklich schlimm, denn nirgends stürzt seinetwegen eine Brücke ein. Jeder von ihnen ist in dem Sinn gut, weil er einen Anstoß zum Nachdenken gibt. Der gute Mathematikunterricht zielt nicht darauf, dass niemandem von vornherein auch nur der kleinste Fehler unterläuft. Er zielt darauf, dass man mit der Zeit selbst die Fehler erkennt, die einem im Zuge einer Rechnung oder einer Überlegung widerfahren, und dass man weiß, wie man sie korrigiert.

„In mathematischen Fragen darf man auch den kleinsten Fehler nicht so stehen lassen", forderte Isaac Newton zurecht. Aber dies setzt voraus, dass es diese Fehler gibt. Und wir sind glücklich, dass es sie gibt. Denn sie „lassen uns nicht so stehen", sondern sorgen für unentwegte gedankliche Bewegung.

X

DIE ERSTE STUNDE

Wer in der Schule unterrichtet, weiß es: Es gibt zwei unvergessliche und prägende Augenblicke während der langen Zeit, die man mit den Kindern einer Klasse verbringt. Sie allein sind Lohn genug dafür, dass man sein berufliches Leben dem Lehren und Erziehen widmet. Der erste dieser beiden unauslöschlichen Augenblicke, jener, der sich bei den abschließenden Minuten der letzten Stunde ereignet, stand dem ersten Kapitel dieses Buches Pate. Das letzte Kapitel dieses Buches ist dem zweiten dieser beiden Augenblicke gewidmet. Er ereignet sich in den Sekunden vor der ersten Stunde und den Minuten danach.

Ich kenne vor Vorträgen, selbst wenn ich vor einem kritischen Publikum spreche oder in einem großen, mit vielen Menschen gefüllten Saal, kein Lampenfieber. Aber ich kenne dieses Gefühl bei einem anderen Anlass, habe es selbst einige wenige Male erlebt und beneide jede Lehrerin und jeden Lehrer darum: Man ist eigenartig aufgewühlt, fast fiebrig in dem Moment, wenn man die Klinke der geschlossenen Tür der Klasse der Kleinsten zu Schulbeginn zum ersten Mal drückt, in den Raum schreitet und die Zehnjährigen stumm und brav von den Sesseln aufstehen sieht, die einen mit einem Gemisch aus Erwartung und Scheu betrachten. Denn sie wissen: Jetzt kommt jemand zum ersten Mal zu ihnen, der sie für viele Jahre das eigenartige Fach Mathematik unterrichten wird, von dem sie schon einiges geheimnisvoll Klingendes vernommen haben, aber noch nichts Genaues kennen.

Und die Mütter und Väter dieser Kinder, die man in diesen Minuten zwar nicht sieht, aber vor seinem geistigen Auge vorüberziehen lässt, vertrauen ihre Schützlinge dieser Person an in der Zuversicht darauf, dass ihr drei Wesenszüge eigen sind:

Sie nimmt erstens die Persönlichkeit jedes einzelnen der ihr anvertrauten Kinder immer und überall ernst, auch wenn diese noch sehr jung sind und sehr unbeholfen wirken.

Sie ist zweitens in Mathematik an der Universität hervorragend ausgebildet worden, beherrscht ihr Fach vorzüglich, kann es wunderbar vermitteln und ist von ihm begeistert.

Sie ist sich schließlich drittens der Verantwortung vor den Kindern und vor der Gesellschaft bewusst, die sie mit dem Unterrichten von Mathematik in dieser für sie neuen Klasse auf sich nimmt.

All diese Gedanken bewegen, wenn man in die zwei Dutzend Augenpaare blickt, die einen zaghaft oder neugierig beobachten. Jetzt, in diesem Moment der ersten Stunde, pocht das Bewusstsein der Verantwortung, die man auf sich nimmt, so intensiv im Gemüt wie nie mehr danach. Denn man weiß: Mit allen anderen Kolleginnen und Kollegen des Lehrkörpers trägt man diese Verantwortung für die Zukunft der Kinder und damit auch für die Zukunft der Gesellschaft bis zur letzten Stunde.

Jede gelungene Unterrichtsstunde ist ein Weg zum Glück, den die Mathematik ebnet.

Bibliografische Information der Deutschen Nationalbibliothek
Die Deutsche Nationalbibliothek verzeichnet diese Publikation in der Deutschen Nationalbibliografie;
detaillierte bibliografische Daten sind im Internet über http://dnb.d-nb.de abrufbar.

1. Auflage

Alle Abbildungen im Buch: Rudolf Taschner

Lektorat: Andreas Deppe
Satz und grafische Gestaltung: Burghard List
Cover: Peter Manfredini

Gedruckt in der EU

ISBN 978-3-7106-0167-5

Christian Brandstätter Verlag
GmbH & Co KG
A-1080 Wien, Wickenburggasse 26
Telefon (+43-1) 512 15 43-0
E-Mail: info@brandstaetterverlag.com
www.brandstaetterverlag.com

Designed in Austria, printed in the EU